Christoph Klein

Eventmanagement in der Praxis

Christoph Klein

Eventmanagement in der Praxis

interna

Ihr persönlicher Experte

interna

Dieser Ratgeber wird digital produziert. Die laufende Einarbeitung von Änderungen und Ergänzungen garantiert stets optimale Aktualität und Rechtssicherheit. Zusatzservice für alle Leser: regelmäßige Redaktionssprechstunde.

VlB – Titelmeldung
interna
Christoph Klein
Eventmanagement in der Praxis
ISBN 978-3-939397-45-8

Umschlaggestaltung: workstation GmbH, Bonn, Christoph Klein
Satz: Christoph Pohl, Bonn
Druck: Bonner Druck & Medien GmbH, Bonn
Lektorat: Janine Hassink, Bonn

Verlag interna GmbH
Auguststr. 1, 53229 Bonn
Tel.: 02 28 / 85 44 98 - 0, Fax: 02 28 / 85 44 98 - 20
www.interna-aktuell.de
www.interna-express.de
mail@interna-aktuell.de

Handelsregister HRB 15534
Amtsgericht Bonn
Geschäftsführer: Jörg Mielczarek

Printed in Germany

Inhaltsverzeichnis

Teil I
Grundlagen – Erste Schritte

Teil II
Von der Akquise bis zur Fehleranalyse

TEIL III
Wissenswertes für den Eventmanager

Zur Benutzung des Buches

Das vorliegende Buch ist der Übersicht halber in die drei Teile I, II und III gegliedert. Dies ermöglicht Ihnen eine schrittweise Einarbeitung in die Materie. Sollten Sie bereits Erfahrungen im Eventbereich gesammelt haben, so können Sie einzelne Themen anhand des Inhaltsverzeichnisses nachschlagen, wenn sich Fragen auftun. Quereinsteiger wie auch systematische Leser finden regelmäßig praktische Verknüpfungen zu Kapiteln, die als wichtige Voraussetzungen für das aktuelle Thema gelten.

In Teil I nähern wir uns dem Thema Events an, unterteilen diese in verschiedene Arten, erörtern nützliche Eigenschaften des Eventmanagers, verschaffen uns Grundlagen im Marketing, der Ideenfindung, dem Rechnungswesen und rechtlichen Angelegenheiten. Außerdem behandeln wir wichtige Schritte, die auf dem Weg in die Selbstständigkeit beachtet werden müssen.

Mit diesem Basiswissen geht es in Teil II des Buches direkt an die Konzeption, Planung, Umsetzung und Nachbereitung eines Events.

Teil III beinhaltet wissenswerte Zusatzinformationen über Institutionen wie die GEMA und die Künstlersozialkasse, mit denen Sie als Eventmanager konfrontiert werden. Auch technische Grundlagen, die Ihnen im Eventbereich helfen können, werden dort vermittelt. Zudem befinden sich im Anhang nützliche Protokolle und Tabellen, auf die im Buch immer wieder verwiesen wird.

Zum Ende des Buches soll Sie das Glossar, das viele Fachausdrücke beinhaltet, mit der Alltagssprache des Eventmanagers vertraut machen. Links und Literaturhinweise sowie eine Auflistung der wichtigsten Verbände sollen die Bearbeitung des Themas abrunden.

1 Einleitung: Was sind Events?

Eventagenturen erfreuen sich seit Mitte der 1990er Jahre immer größerer Beliebtheit. Aufgrund von härteren Preiskämpfen, Kundenbindung, Marktanteilen und internationalem Wettbewerb erhöht sich der Druck auf die Unternehmen. Mit Beginn des 21. Jahrhunderts hat sich an dieser Entwicklung wenig geändert – im Gegenteil.

Das Event im eigentlichen Sinne ist ein Marketinginstrument, das mehr und mehr an Bedeutung gewinnt. Gerade die Bindung von Kunden an ein bestimmtes Unternehmen, ein Produkt oder eine Marke hat sich verstärkt. So muss dem Kunden heutzutage einiges geboten werden, damit er sich für den Werbenden entscheidet. Einkaufen wird zum Erlebnis: Waren es früher noch Verköstigungen oder Preisausschreiben im Supermarkt, die das Einkaufen aufgefrischt haben, so sind es heute ganze Events, die den Markt attraktiv gestalten sollen. Ob dies immer den gewünschten Erfolg mit sich bringt, ist von vielen Faktoren abhängig. Nicht zuletzt beeinflusst die Qualität eines solchen Events die Kaufentscheidung des Kunden.

Aber nicht nur Events zur Kaufförderung oder zur Einführung eines neuen Produkts – so genannte "Kick-off-Events" – werden von Eventagenturen ausgerichtet, sondern auch Events innerhalb eines Unternehmens, die meist der Mitarbeitermotivation in Form von Incentives dienen, außerhalb eines Unternehmens in Form von Workshops oder Seminaren zur Weiterbildung oder zwischen verschiedenen Unternehmen zur Darstellung und zum Austausch in Form von Messen. Seit einigen Jahren investieren besonders große Unternehmen immer mehr Geld in das sogenannte Humanvermögen, also in ihre Mitarbeiter. Eine Entwicklung die sehr zu begrüßen ist, nicht nur für Eventagenturen. Die Mitarbeiter sollen motivierter sein und die Arbeitsbedingungen ihren sozialen Anforderungen entsprechen. Das Ergebnis für das Unternehmen: weniger Fehlzeiten, motiviertere, leistungsfähigere und zufriedenere Mitarbeiter, die länger im

Unternehmen bleiben und seltener kündigen. Laut Studien resultiert aus solchen, auch familienfreundlichen Maßnahmen eine weitaus höhere Rentabilität für das Unternehmen. Demzufolge sind Events, die der Motivation dienen (Incentives), sehr im Kommen.

Warum aber wird der Anglizismus „Event" im deutschen Sprachgebrauch so selbstverständlich benutzt und nicht das deutsche Synonym „Veranstaltung" oder „Ereignis"? Die Antwort ist einfach: Event impliziert genau diese beiden deutschen Wörter und drückt etwas aus, was es mittlerweile überall geben muss: eine Ereignis-Veranstaltung oder ein Veranstaltungs-Ereignis. Es handelt sich eben nicht mehr um einfache Veranstaltungen, sondern um glänzende, perfekt durchorganisierte Events. Eine Entwicklung, die auch kritisch betrachtet werden muss, denn mit Zunahme der Events auf dem Käufermarkt verblasst der Glanz schnell. Und genau an dieser Stelle ist die Eventagentur mit ihrem kreativen Potenzial gefragt: Sie muss dafür sorgen, dass sich ihre Kunden von den anderen abheben. Abhängig von der Art des Events, stellt die Eventagentur die interaktive Schnittstelle zwischen Produzent und Konsument dar, zwischen Management und Mitarbeiter, eben zwischen ihrem Auftraggeber und seiner Zielgruppe. Es ist ihre Aufgabe, Kunden zu binden, Absätze zu fördern, Mitarbeiter zu motivieren. Eine verantwortungsvolle Aufgabe, die trotz hoher Belastung immer sehr abwechslungsreich ist und neue Herausforderungen bereithält. Ihrer Kreativität sind Grenzen (fast) nur durch das Budget ihres Auftraggebers gesetzt.

Eine Anmerkung zur Sprache: Im Eventbereich werden sehr viele Anglizismen benutzt, was ganz klar auf den Ursprung von Veranstaltungen als Kommunikationsinstrument im anglo-amerikanischen Raum zurückgeht. Viele dieser Wörter haben im Deutschen kein Synonym, beziehungsweise die Übersetzung würde keinen Sinn ergeben. Zum anderen wird auf Events immer häufiger Englisch gesprochen, da Sie in diesem Marktbereich viel mit internationalen Kunden und Mitarbeitern zu tun haben. Aus diesen Gründen finden Sie in diesem Buch ebenfalls sehr häufig englische Wörter, die im Glossar kurz erläutert werden.

Events sollen also in erster Linie Informationen übertragen, das heißt auf einem für eine bestimmte Zielgruppe zugänglichen Niveau informieren. Als Eventmanager ist es demzufolge immer Ihre Aufgabe, diese Informationen so gut wie möglich zu vermitteln. Am Anfang stellt sich Ihnen die Frage: Was möchte mein Kunde bei wem mit diesem Event erreichen? Wenn Sie sich dessen in jedem Stadium des Events – von der Konzeption bis zur Nachbereitung – immer bewusst sind, dann können Sie auch die Wünsche Ihres Kunden optimal befriedigen und werden erfolgreiche Events liefern.

2 Arten von Events

Events unterscheiden sich in Charakter und Zielsetzung. Sie lassen sich nach Kriterien wie öffentlich/nicht öffentlich, In-/Outdoor oder der Besucherzahl unterscheiden. Die am häufigsten anzutreffende Klassifizierung, die das „Forum Marketing-Eventagenturen“, kurz FME, vorgenommen hat, richtet sich jedoch nach der Ausrichtung auf die jeweilige Zielgruppe:

- Öffentliche Events (Public Events)
- Unternehmens-Events (Corporate Events)
- Mitarbeiter-Events
- Verbraucher-Events
- Messe-Events
- Sozio-kulturelle und Wohltätigkeits-Events

Im Folgenden werden die unterschiedlichen Arten näher beleuchtet und Beispiele gegeben.

2.1 Öffentliche Events

Öffentliche Events – auch „Public Events“ genannt – zielen auf Imagesteigerung und Informationsvermittlung eines Unternehmens ab und versuchen eine breite Öffentlichkeit zu erreichen.
Zielgruppe: Öffentlichkeit (Business to Public (B2P))

2.1.1 Public-Relation-Events/Presse-Events

Bei Public-Relation-Events wird eine noch höhere Professionalität erwartet als ohnehin schon üblich. Teilnehmer der wohl bekanntesten Art von PR-Events, der Pressekonferenz, können auf der einen Seite Politiker, Sportler oder Unternehmensleiter sein, auf der anderen Seite Journalisten oder die Öffentlichkeit. Oft werden Pressekonferenzen live im Radio oder TV übertragen. Aus diesem Grunde erwarten beide Seiten einen reibungslosen Ablauf, der minutiös abgestimmt ist.

Neben der Pressekonferenz sind beispielsweise CD-Veröffentlichungen von Musikern, sogenannte “CD-Release-Events”, eine weitere Form von PR-Events. Der Künstler selbst ist oft vor Ort, Journalisten, VIPs und Medienpartner ebenfalls. Der Ablauf eines solchen Events umfasst typischerweise eine kleine Pressekonferenz (ohne Live-Übertragung) und eine kurze Darbietung des Künstlers mit anschließender Party.

2.1.2 Tage der offenen Tür

Wer kennt ihn nicht, den Tag der offenen Tür? Sei es ein Unternehmen, eine Schule oder Universität, das Rathaus oder Institute, um nur einige zu nennen: Alle wollen sich der Öffentlichkeit präsentieren, wollen zeigen, wie der alltägliche Betrieb abläuft und Transparenz schaffen. So ein Tag der offenen Tür ist für Interessierte oft die einzige Möglichkeit hinter die Kulissen zu schauen, und wird dementsprechend gern auch angenommen. Natürlich machen Unternehmen und Einrichtungen dies nicht aus Uneigennützigkeit; sie wollen sich verständlicherweise von ihrer besten Seite präsentieren um Kunden zu halten oder neu zu gewinnen, um ihren Ruf zu verbessern oder aber aus politischen Gründen.

2.2 Unternehmens-Events

Unternehmens-Events – auch "Corporate Events" genannt – sind Events, die Beziehungen zwischen Unternehmen herstellen oder pflegen sollen. Hierbei handelt es sich um die Inszenierung von Produkten und ganzen Unternehmen.
Zielgruppe: Unternehmen (Business to Business (B2B))

2.2.1 Hauptversammlungen

Eine gesondert zu betrachtende Form von Tagung ist die Hauptversammlung, bei der sich Aktionäre oder deren Vertreter von Aktiengesellschaften treffen. Gibt es viele Kleinaktionäre, so werden teilweise zigtausende Teilhaber erwartet. Platz bieten hierfür meistens Konzert-, Sport- oder Mehrzweckhallen, Messegelände oder Tagungsräume großer Hotels. Das Besondere an Hauptversammlungen ist ihr allumfassender Charakter. Sie sind ein bisschen von allem: Kongress, Tag der offenen Tür, Messe und Promotion-Event. Auch hier möchte sich das Unternehmen gegenüber seinen Teilhabern präsentieren, möchte für sich werben, damit Vertrauen aufgebaut wird und somit mehr Kapital in das Unternehmen fließt.

2.2.2 Produkteinführungen

Zur Darstellung neuer Produkte werden Produkteinführungen veranstaltet. Sie dienen, je nach gewünschter Weise, der Änderung oder Stärkung des Produkt- bzw. Unternehmensimages gegenüber Intermediären wie Zwischen- oder Großhändlern. Produkteinführungen finden meist im kleineren Rahmen und im Vorfeld von Konsumenten-Events statt.

2.3 Mitarbeiter-Events

Mitarbeiter-Events werden zur Motivation des Personals und der Vermittlung von Informationen innerhalb des Unternehmens genutzt. Sie sind Teil der Unternehmenskultur, was sich in der Häufigkeit und Größe dieser Events zeigt.
Zielgruppe: Unternehmen (Business to Business (B2B))

2.3.1 Get-Together-Events

Viele Mitarbeiter lernen sich auf solchen Events kennen, fangen an sich zu duzen, erzählen über Familie, Umfeld, Pläne. Im Allgemeinen soll ein angenehmeres Arbeitsumfeld für alle Beteiligten geschaffen werden, das sich wiederum positiv auf die Effizienz der Mitarbeiter und somit auf das gesamte Unternehmen auswirken soll.

2.3.2 Incentives/Reise-Incentives

Laut Duden handelt es sich bei einem Incentive um „durch wirtschaftspolitische Maßnahmen ausgelöste Anreizeffekte zu erhöhter ökonomischer Leistungsbereitschaft". Man möchte also mit einem Incentive Mitarbeiter, Manager und potenzielle Kunden motivieren. Der Nutzen ist dabei auf beiden Seiten garantiert. Incentives sind in Unternehmen sehr beliebt. Je größer solche Unternehmen sind, desto aufwändiger und teurer können Incentives sein. Mittlerweile sind einfache Betriebsausflüge schon als Incentives organisiert, nur wird der eigentliche Nutzen eines solchen Ausflugs – die Stärkung der zwischenmenschlichen Beziehungen und der allgemeinen Teamfähigkeit – dadurch deutlich verstärkt. Statt der Wanderung durch den nahe gelegenen Wald gibt es Bungee-Jumping, Rallyes, Kreuzfahrten, Kletterkurse, Erlebnisreisen (Reise-Incentives), Erlebnisessen etc., eben jede Form von Nervenkitzel, die die Mitarbeiter mehr und mehr als Team zusammenschweißt. Ein solches Incentive bringt den enormen Vorteil mit sich, dass Mitarbeiter noch lange davon erzählen und immer wieder an diesen besonderen Tag erinnert werden. Außerdem entwickelt sich zwischen den Mitarbeitern eine bessere Stimmung, ein anderer Umgang und mehr Verantwortung füreinander.

2.3.3 Seminare/Workshops

In den Aufgabenbereich von Eventagenturen fallen ebenfalls Seminare und Workshops. Einige Agenturen haben sich darauf spezialisiert und bieten berufsbegleitende Fortbildungsmöglichkeiten an. Solche, oft von Privatdozenten gehaltenen Seminare werden zumindest für Mitarbeiter gehobener Einkommensklassen von vielen Unternehmen gefördert, da diese stets gut ausgebildete Mitarbeiter benötigen, beziehungsweise sie bei ihren Fortbildungsbestrebungen unterstützen möchten. Solche Seminare können zum Beispiel allgemeiner Art im Bereich Rhetorik, Verkaufsförderung, Führung, Grafik und Projektmanagement sein oder spezieller Art, wie beispielsweise Workshops über das Arbeiten mit bestimmten Maschinen, Auswirkungen eines neu erlassenen Gesetzes auf Arbeitsabläufe oder Workshops zur Erfüllung einer bestimmten Norm (DIN, ISO). Wie gesagt, Unternehmen investieren heutzutage mehr denn je in ihr sogenanntes Humankapital. Weiterentwicklung von Personal wird im betriebswirtschaftlichen Sinne „Personnel Development" genannt.

2.3.4 Assesment Centers

Assessment Centers werden durchgeführt, um aus zahlreichen Bewerbern auf eine oder mehrere Arbeitsstellen in strukturierter Art und Weise auswählen zu können. Dabei müssen von den Bewerbern Probleme und alltägliche, wie auch extreme Arbeitssituationen durchlaufen und gelöst werden, die ihre fachliche und soziale Kompetenz beleuchten sollen. Die Bewerber werden nach bestimmten Vorgaben bewertet, die den Anforderungen der Stelle entsprechen. Oftmals werden diese meist ein- bis zweitägigen Events von Psychologen begleitet.

2.4 Konsumenten-Events

Konsumenten-Events dienen der Verkaufsförderung von Gütern und Dienstleistungen für den Endverbraucher und werden zur Präsentation neuer Produkte und Unternehmen eingesetzt.
Zielgruppe: Konsumenten (Business to Consumer (B2C))

2.4.1 Kick-off-Events

Sogenannte Kick-off-Events werden zur Einführung neuer Produkte veranstaltet. Sie sollen, wie der Name schon impliziert, eine Kaufwelle lostreten. Auch Kick-off-Events erfreuen sich großer Beliebtheit. Denken Sie nur mal an namhafte Kosmetik-, Süßigkeiten- oder Getränkehersteller – sie alle versehen ihre neuen oder neu aufgelegten Produkte durch große Events mit Glanz. Das Event soll für dieses Produkt werben und dem Kunden – tatsächliche oder auch wünschenswerte – Vorteile gegenüber der Konkurrenz darlegen.

2.4.2 Promotion-Events/Road-Shows

Im Gegensatz zu Kick-off-Events bewerben Promotion-Events oder Road-Shows bereits etablierte Produkte. Bestimmt ist Ihnen auch schon mal ein Promotionteam über den Weg gelaufen, das für Automobilhersteller, Sportartikel, Telekommunikationsdienste, Getränke, Printmedien oder den Einzelhandel geworben hat. Die Aufgabe dieser Teams ist es, das Produkt an den Konsumenten zu bringen und direkt vor Ort eine Resonanz potentieller Kunden zu erhalten. Zudem werden häufig Gewinnspiele angeboten, die wichtige Daten wie Alter, Wohnort und weiteres über die Zielgruppe bekannt geben.

2.4.3 Point-of-Sale-Events

Übersetzt heißt Point-of-Sale "Stelle des Verkaufs", was klar macht, dass es sich hierbei um ein Event am Verkaufsort selbst handelt. Diese Events finden sich im Einzelhandel und haben den enormen Vorteil, dass Kunden Produkte direkt beziehen können. Eine strenge

Abgrenzung zwischen Kick-off-, Promotion- und Point-of-Sale-Events gibt es nicht, denn häufig überschneiden sich ihre Aufgabenbereiche und die Events finden an denselben Orten statt.

2.5 Messe-Events

Messe-Events sollen neue Produkte und Dienstleistungen eines Unternehmens präsentieren, sowie Informationen des gesamten Unternehmens, in eindrucksvoller Art und Weise transportieren. Messe-Events können einen regionalen Fokus haben oder auch international ausgerichtet sein.
Zielgruppe: Unternehmen, Konsumenten, Öffentlichkeit (Business to Business (B2B), Business to Consumer (B2C), Business to Public (B2P))

2.5.1 Messen, Ausstellungen, Foren

Zum Austausch von Informationen und zur Präsentation des eigenen Unternehmens und neuer Produkte sowie zur Betrachtung der Marktsituation von Konkurrenten werden Messen, Ausstellungen und Foren veranstaltet, seien sie für jedermann zugänglich oder nur für einen ausgewählten Händlerkreis.

Denken Sie einmal über den Aufwand der Frankfurter Buchmesse, der Internationalen Automobilausstellung IAA oder der CeBIT nach. In wenigen Tagen gehen hunderttausende Besucher über das Gelände und dürfen nichts vom betriebenen Aufwand hinter den Kulissen mitbekommen, während dem Publikum die neuesten Produkte und Technologien präsentiert werden.

Zur Gestaltung ihres Messestandes greifen Aussteller größtenteils auf die Kompetenz von Messebau-Unternehmen zurück. Die Betreuung des Standes übernehmen zum einen eigene Mitarbeiter des Unternehmens, die für Kontaktaufnahme und Vorstellung der Produkte und Technologien zuständig sind, zum anderen Hostessen, die die Besucher sowie den Stand betreuen.

Von den international führenden Messen finden rund zwei Drittel in Deutschland statt. Damit ist Deutschland weltweit Messestandort Nr. 1. Laut dem „Ausstellungs- und Messe-Ausschuss der Deutschen Wirtschaft e.V." (AUMA) gab es 2009 in Deutschland 135 internationale Messen auf denen 154.155 Aussteller rund 9 Millionen Besucher empfingen, sowie 151 regionale Messen und Ausstellungen mit 47.470 Ausstellern und 5,8 Millionen Besuchern.

Betrachtet man die Fülle an Messen verschiedener Fachrichtungen, die es allein im gesamten Bundesgebiet gibt, so wird die professionelle Unterstützung durch Eventagenturen auch in entsprechendem Maß zunehmend gefordert.

In Kapitel „14.6.3 Besonderheit: Messen" finden Sie weitere Informationen, die bei einem Messeauftritt beachtet werden müssen.

2.5.2 Kongresse, Tagungen und Konferenzen

Kongresse und Tagungen können unterschiedlichster Größe sein, für jedermann zugänglich oder privat und einen oder mehrere Tage andauern. Die größten Tagungen können in Konzert-, Sport-, oder Mehrzweckhallen oder auf Messegeländen stattfinden.

Im kleineren Rahmen finden Konferenzen, wie beispielsweise Jahresplanungen, Geschäftstreffen, Projektplanungen etc. in eigenen Räumlichkeiten des Unternehmens oder hoteleigenen Tagungsräumen statt.

2.6 Sozio-kulturelle und Wohlfahrts-Events

Bei dieser Art von Events steht ein gesellschaftlicher Gedanke mit aufklärendem, antreibendem oder den Gemeinschaftssinn förderndem Charakter im Vordergrund. Sozio-kulturelle und Wohlfahrts-Events zielen nicht auf Verkaufsförderung ab. Die professionelle Durchführung solcher Veranstaltungen wurde in den letzten Jahren verstärkt nachgefragt.
Zielgruppe: Öffentlichkeit (Business to Public (B2P))

2.6.1 Spenden- und Gesellschafts-Events

Das professionelle Sammeln von Spenden wird häufig von wohltätigen Organisationen oder Nichtregierungsorganisationen im Rahmen eines informativen Thementages oder sportlichen Events, wie zum Beispiel einem Marathonlauf, durchgeführt. Hierbei steht neben der Sensibilisierung für soziale Problemfelder und der Bewusstseinsbildung insbesondere die Ausmerzung genau dieser Probleme durch finanzielle Unterstützung der aktiven Organisation im Vordergrund. Auch öffentliche Veranstaltungen von politischen Parteien zählen zu dieser Art von Event.

2.6.2 Fan-Events

Seit einigen Jahren sind Fan-Events gerade im sportlichen Bereich sehr populär geworden. Sie umfassen die öffentliche Sichtung eines Großereignisses (Public Viewing) mit anschließender gemeinsamer Feier. Fan-Events können kostenpflichtig oder auch kostenfrei sein. Events im Anschluss an vorausgehende Großveranstaltungen, wie zum Beispiel Musikfestivals, werden ebenfalls als Fan-Events bezeichnet.

2.7 Sonstige Events

Unter die Rubrik „Sonstige Events" fallen alle anderen Events, die nicht in die vorherigen Gruppen eingeteilt wurden. Im Folgenden seien nur die drei häufigsten genannt.
Zielgruppe: Unternehmen, Konsumenten, Öffentlichkeit (Business to Business (B2B), Business to Consumer (B2C), Business to Public (B2P))

2.7.1 Konzerte

Konzerte sind eine spezielle Form von Event, die unter anderen Zielsetzungen andere Arbeitsabläufe voraussetzen. Zwar können Konzerte im Rahmen von Events auftauchen, wer sich aber auf Konzerte spezialisiert und nur diese veranstaltet, der sollte sich meinem

Ratgeber „So veranstalten Sie ein Konzert“, ebenfalls im Verlag interna erhältlich, zuwenden. Dieser geht speziell auf die Anforderungen und Abläufe von Konzerten ein.

2.7.2 Sportevents

Sportevents sind ebenfalls gesondert zu betrachten. Sie stellen besondere Anforderungen an den Eventmanager. Häufig werden Sportevents von Unternehmen genutzt, um dort, speziell auf die Zielgruppe zugeschnitten werben zu können.

Es gibt viele Eventagenturen, die sich nur auf Sportveranstaltungen, meist sogar auf nur eine Sportart mit Eventcharakter wie Beachvolleyball, Streetball oder Streetsoccer, konzentrieren. Diese Agenturen touren dann im gesamten Bundesgebiet oder in Europa und stellen öffentlich ihre Anlage zur Verfügung oder organisieren Turniere.

2.7.3 VIP-Events

VIPs (Very Important Persons) sind Personen des öffentlichen Lebens oder Personen mit besonders wichtiger sozialer Stellung. Bekannte Musiker gehören ebenso dazu wie Spitzensportler, Manager oder Politiker. Der Gebrauch des Wortes wird häufig sehr zweckentfremdet genutzt, da ein jeder Gast gerne als VIP behandelt werden möchte.

Bei VIP-Events muss penibel darauf geachtet werden, dass ein hoher Standard gewährleistet ist. Das fängt mit dem Abholservice an, geht über die Betreuung und Verpflegung bis hin zur Unterkunft der Gäste.

2.8 Branchenkennzahlen

Eventagenturen gibt es viele. So unterschiedlich die Arten von Events per definitionem sein können, so speziell auch die Ausrichtung der jeweiligen Agenturen auf die Bedürfnisse ihrer Kunden.

Viele Große dieser Eventagenturen sind Mitglieder im FAMAB Verband Direkte Wirtschaftskommunikation e.V., dem Dachverband für Foren im Bereich Messebau und Marketing-Events. Unter diesem Dach befindet sich unter anderem das Forum Marketing Eventagenturen, kurz FME, auf dessen Bericht „Event-Klima 2009“ sich die im Folgenden genannten Kennzahlen stützen.

Die Entwicklung von Events ist enorm positiv angestiegen und spielt im Marketing eine zunehmend wichtigere Rolle. Klassische Werbung wie der Einsatz von Print-, Hörfunk-, TV- und Kinowerbung, verliert also an Bedeutung. Lediglich 42 % des Werbeetats von Großunternehmen wird noch für die klassische Werbung eingesetzt, im Mittelstand sogar nur 25 %. Dahingegen investieren Großunternehmen 18 % ihres Werbeetats in Events, der Mittelstand ganze 22 %. Insgesamt entspricht dies einem Budget von 1,99 Mrd. EUR für Marketing-Events.

Ein Großunternehmen gibt im Durchschnitt rund 4,7 Mio. EUR jährlich für Events aus. Mittelständische Unternehmen kommen auf gut 0,5 Mio EUR. Den größten Teil an Events nehmen Unternehmens- und Mitarbeiter-Events ein. Die nachfolgende Grafik veranschaulicht die Aufteilung des Umsatzes von Mitgliedern des FME nach Eventarten:

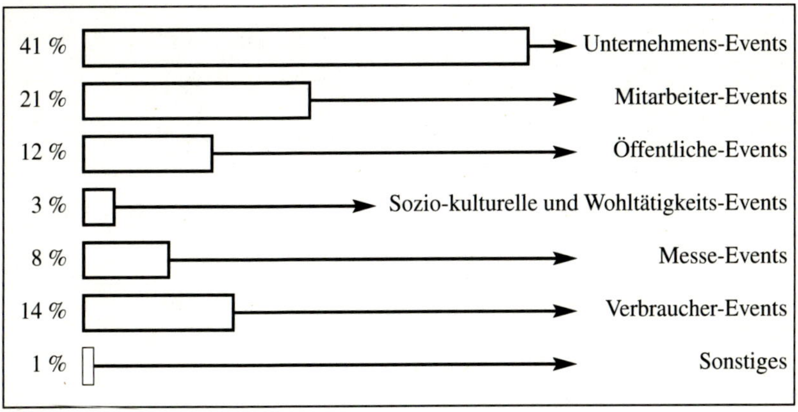

3 Eignung als Eventmanager

Als Eventmanager müssen Sie eine Menge unterschiedlicher Eigenschaften und Voraussetzungen mitbringen. Auch an Marketinggrundlagen und einem bestimmten Basiswissen im Rechnungswesen darf es ihnen nicht mangeln.

Die wohl wichtigste Voraussetzung ist die, dass Sie als kommunikative und kreative Schnittstelle fungieren können. Ihr Auftraggeber mag mit einer wagen Idee an Sie herantreten, Sie geben ihm dazu ein Feedback und anschließend Ihren Mitarbeitern und anderen beteiligten Personen und Agenturen präzise Anweisungen, wie Sie sich die genaue Umsetzung vorstellen. Solche Vorstellungen müssen Sie selbstredend wiederum mit Ihrem Auftraggeber besprechen. Und alles unter Einhaltung eines engen Zeitplans.

Das Netzwerk des Eventmanagers

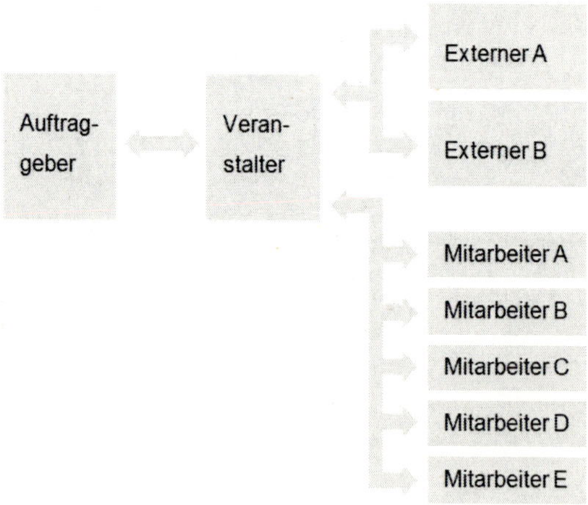

3.1 Persönliche Eigenschaften des Eventmanagers

Zweifelsohne müssen Sie als Eventmanager kontaktfreudig sein, Menschenkenntnis mitbringen und sich vor einem Small-Talk nicht scheuen. Folgende Punkte sollten Sie für sich einmal durchgehen, um festzustellen, ob diese Eigenschaften auf Sie zutreffen oder ob Sie eventuell noch die ein oder andere Fähigkeit stärken müssen.

• *Kommunikation*
Eventmanagern wird häufig nachgesagt, sie seien sehr kommunikationsstark, auf der anderen Seite jedoch dabei nicht oberflächlich. Das heißt, Gespräche sollten für Sie leicht anzufangen sein, auch wenn sie eventuell trivial erscheinen mögen, andererseits sollten Sie profunde Unterhaltungen führen können, denn ihr späterer Auftraggeber möchte, dass Sie auf seine Ideen und Wünsche eingehen und diese notfalls zwischen den Zeilen erlesen können. Zu einer ausgeprägten Kommunikationsfähigkeit gehört außerdem auch aktives Zuhören.

• *Ausdauer, Belastbarkeit und Flexibilität*
Ein Eventmanager muss Ausdauer jeglicher Art mitbringen. Ein Projekt vom ersten Briefing bis zur Nachbereitung zu entwickeln, dauert einige Zeit, und nicht immer sind sofortige Auswirkungen der Arbeit zu sehen. Dementsprechend sollten Sie mit der Vision eines Events auf längere Zeit arbeiten können. Ebenso sind die Arbeitszeiten eines Eventmanagers nur selten geregelt und können – insbesondere am Eventtag selbst – sehr belastend für Geist und Körper sowie für das Privatleben sein.

• *Organisation und Zeitmanagement*
Da die Planungsphase eines Events sehr lange dauern kann, sollten Sie immer den Überblick bewahren, wo Sie sich gerade im Ablauf befinden. Dies erfordert eine akribische Arbeitshaltung und ein Gefühl für Zeitmanagement. Zudem sind Sie Schnittstelle zwischen Kunden, weiteren Dienstleistungsagenturen, die am Event beteiligt

sind, Mitarbeitern und – nicht zu vergessen – den Teilnehmern des Events.

• *Teamfähigkeit*
Wie bereits erwähnt, werden Sie mit unterschiedlichen Menschen zusammenarbeiten. Zum einen ist da ihr Kunde, zum anderen beispielsweise die Cateringagentur oder Hostessen. Alle möchten gehört und selbstverständlich ernst genommen werden, falls Probleme auftauchen. Dies erfordert von Ihnen ein gewisses Einfühlungsvermögen und Fingerspitzengefühl, um mit jedem individuell umgehen zu können.

• *Führungsgeschick*
Sie veranstalten ein Event, agieren zwischen Auftraggeber und ihren eigenen Mitarbeitern: Dies erfordert Verhandlungsgeschick, ein hohes Maß an Souveränität und Selbstvertrauen sowie die Bereitschaft, Entscheidungen zu fällen, durchzusetzen und Risiken einzuschätzen und einzugehen. Im Umgang mit Mitarbeitern müssen Sie Aufgaben delegieren (und somit Verantwortung abgeben), Ihr Team motivieren und Konflikte aus dem Weg räumen können.

In Kapitel 7 „Personalmanagement“ werden Praktiken ausführlich erläutert.

• *Interdisziplinarität und interkulturelle Kompetenz*
Eventmanager sind echte Allrounder: Sie besitzen eine ausgeprägte und schnelle Auffassungsgabe und Lernfähigkeit und finden sich ebenso in Arbeitsbereichen wie denen des Projektmanagements, Personalwesens und der Budgetierung des Events zurecht, als auch in technischen Belangen rund ums Event.

Bei den meisten Events werden Sie auf Menschen anderer Länder, Kulturen, Gesinnungen und Religionen treffen. Sei es bei Ihrem Auftraggeber, der Zielgruppe des Events oder Ihren Mitarbeitern: Überall ist ein taktvoller, sachlicher Umgang gefragt.

• *Improvisationsvermögen und Monitoring*
Gerade in der letzten Phase eines Events wird es häufiger zu Engpässen oder Problemen kommen. Aus diesem Grund ist eine ständige Überwachung (Monitoring) der einzelnen Abläufe unablässig. Entsprechend schnell müssen Sie Probleme mit klarem Kopf angehen können, um sie baldmöglichst zu beseitigen. Auch Improvisation ist eine Art der Kreativität.

Kapitel 14.4 "Eventüberwachung und -steuerung" widmet sich verstärkt dieser Thematik.

• *Kreativität und Vision*
An Kreativität darf es nicht mangeln, denn dafür werden Sie letztendlich bezahlt. Ebenso sollten Sie nach und nach ein Bild des fertigen Events im Kopf konstruieren können. Sehen Sie einen Eventmanager aber bitte nicht als einen verwirrten Kreativen, der dauernd seine Planungen revidiert.

• *Beharrlichkeit*
Manche Kunden müssen von den Vorteilen Ihrer Ideen länger überzeugt werden. Wenn Sie von Ihrem Konzept überzeugt sind, was Sie immer sein sollten, dann werden Ihnen gegenüber Ihrem Kunden bestimmt nicht so schnell zum Umdenken anregende Argumente ausgehen. Achten Sie aber darauf, dass Sie diesen nicht nur überreden, sondern vollkommen überzeugen.

Gegenüber Mitarbeitern und anderen beteiligten Dienstleistern sollten Sie ebenfalls Ihre Ideen durchsetzen können, sofern diese im Bereich des Realistischen liegen. Letztendlich sind Sie dafür verantwortlich, wenn etwas nicht gepasst hat oder schiefgelaufen ist.

3.2 Fachkenntnisse und Berufserfahrung

Neben den bereits erwähnten persönlichen Eigenschaften sind allgemeine Kenntnisse von betrieblichen Arbeitsabläufen essenziell für einen Eventmanager. Vielleicht haben das ein oder andere Praktikum, eine Berufsausbildung oder allgemeine Berufserfahrung dazu beigetragen. Im Folgenden können Sie erneut prüfen, ob notwendige Kenntnisse bereits ausreichend bei Ihnen vorhanden sind oder ob in dem einen oder anderen Bereich Nachholbedarf besteht:

• *Rechnungswesen und Marketing*
Nicht jeder Eventmanager hat Betriebswirtschaft studiert – muss er auch nicht. Es ist aber von enormem Vorteil für ihn, wenn er mühelos mit Kalkulationen, Kosten und Rechnungen umgehen kann. Ebenso verhält es sich mit Marketingkenntnissen. Wer noch nichts von Kreativitätstechniken, Zielgruppenanalyse und Corporate Identity gehört hat, dem wird ab Kapitel 4 mit Grundlagen in Marketing weitergeholfen.

• *EDV*
Als Eventmanager werden Sie sehr viel am Computer arbeiten und dementsprechend die gängigen Schreib-, Tabellenkalkulations-, E-Mail- und Präsentationsprogramme nutzen. Wie Sie im weiteren Verlauf dieses Buchs feststellen werden, kommen aber auch andere Programme in Betracht, die insbesondere die zeitliche Planung vereinfachen sollen. Ein Eventmanager weiß sich aber auch mit kleineren Problemen am Computer auseinanderzusetzen.

• *Fremdsprachen*
Jede Sprache, die Sie sprechen, ist wertvoll. Stellen Sie sich vor, Sie engagieren einen spanischen Moderator und können mit ihm den Programmablauf in seiner Muttersprache durchgehen. Oder das ganze Event an sich findet in Spanien statt. Auch wenn Spanisch in einem solchen Beispiel verzichtbar wäre, so sind allgemeine Eng-

lischkenntnisse unumgänglich. Viele Begriffe stammen aus dem englischsprachigen Raum und werden einheitlich benutzt. Genauso kann die Muttersprache von Mitarbeitern, anderen Dienstleistern oder Künstlern nicht Deutsch sein. Um hier auf einen Nenner kommen zu können, wird folglich Englisch gesprochen.

Fazit: Englisch ist notwendig, alle anderen Fremdsprachen hilfreich.

• *Technik*
Natürlich sind Sie als Eventmanager kein Techniker, jedoch werden Sie des öfteren mit technischen Fragen konfrontiert – das fängt schon bei der Erstellung eines Konzeptes an. Wenn Sie einen Ground Support benötigen, ein bestimmter Scannertypus angefragt wird oder ein Rigger sich über zu wenig Hängepunkte beschwert, dann sollten Sie wissen, worum es geht.

In Kapitel 22 „Technik für Eventmanager" werden technische Grundkenntnisse vermittelt. Auch im Glossar können Sie solche Fachausdrücke schnell nachschlagen.

Viele Eventmanager, die sich selbstständig machen, haben bereits im Eventbereich gearbeitet, sei es bei einer Werbe- oder vielleicht einer Cateringagentur. Jegliche Erfahrung ist wertvoll und kann hilfreich in dieser Branche sein, insbesondere wenn Kontakte zu potenziellen Kunden oder auch zuverlässigen Dienstleistern und Mitarbeitern bestehen.

3.3 Aus- und Weiterbildungsmöglichkeiten

Es gibt mittlerweile zahlreiche Möglichkeiten, sich im Eventbereich aus- beziehungsweise weiterbilden zu lassen.

Natürlich liegt es an Ihnen, Ihrer Erfahrung und der Ihnen zur Verfügung stehenden Zeit und den finanziellen Mitteln, ob Sie eine vollberufliche (Hochschulstudium, Berufsausbildung) oder nebenberufliche Ausbildung (Weiterbildung) anstreben wollen.

3.3.1 Hochschulstudium

Im Bereich von Hochschulstudien können mehrere Studiengänge von Vorteil sein. Hierzu gehört das Angebot von Universitäten wie auch das von Fachhochschulen oder Berufsakademien.

• *Betriebswirtschaft (Bachelor, Master)*
Sehr viele Hochschulen bieten diese klassische Fachrichtung an: Universitäten ebenso wie die praxisnahen Fachhochschulen und Berufsakademien. Spezialisierungen beziehungsweise Studienschwerpunkte können bei den Fachhochschulen Köln und Osnabrück, sowie der Hochschule für Technik, Wirtschaft und Kultur in Leipzig auf Messewirtschaft ausgerichtet werden.

• *Bachelor in Messe-, Kongress- und Eventmanagement (BA)*
Die DHBW Ravensburg zum Beispiel bietet diese duale Ausbildung an, in der innerhalb von 3 Jahren betriebswirtschaftliche Grundlagen vermittelt werden und der Praxisbezug keinesfalls fehlt, da im Wechsel 3 Monate im Betrieb und 3 Monate an der Hochschule unterrichtet werden.

• *Bachelor in Veranstaltungsmanagement (BA)*
Die DHBW Mannheim bietet ebenfalls einen dualen Studiengang in 6 Semestern mit einem 50%-igen Praxisanteil an. Auch hier ist die Voraussetzung eine Hochschulzugangsberechtigung sowie ein Ausbildungsvertrag mit einem zum Studium passenden Betrieb.

• *Bachelor in Messe-, Kongress- und Eventmanagement (BA)*
Die private Karlshochschule in Karlsruhe vermittelt in 6 Semestern Wissen und Praxis über Messen, Kongresse und Events. Voraussetzung ist eine Hochschulzugangsberechtigung.

- *Ausbildung (IHK) und Bachelor in Veranstaltungsmanagement*

Dieser duale Studiengang wird von der Fachhochschule Hannover seit 2009 angeboten. Neben einem geeigneten Ausbildungsbetrieb ist eine Hochschulzugangsberechtigung notwendig.

- *Bachelor in Eventmanagement (BA)*

Dieser spezielle Studiengang wird unter anderem von der privaten Internationelen Fachhochschule Bad Honnef angeboten. Innerhalb von 6 Semestern wird in kleinen Gruppen betriebswirtschaftliches Wissen mit Bezug auf Events vermittelt. Ein Praxissemester findet im Anschluss an diese 3 Jahre ebenfalls statt.

- *Internationales Kulturmanagement (Bachelor, Master)*

Ebenfalls ein sehr interessanter Studiengang, der unter anderem vom ISW (Institut für Sprachen und Wirtschaft) in Freiburg angeboten wird. Er ist zweigeteilt: In den ersten 4 Semestern werden Ihnen theoretische Grundlagen vermittelt, im zweiten Teil, der sich über 2 Semester erstreckt, können Sie diese Theorie in Praxissemestern anwenden.

- *Bachelor of Engineering Veranstaltungstechnik und -management (B. Eng.)*

Auch im technischen Bereich werden Studiengänge angeboten, wie dieser von der TFH Berlin. Technisches Verständnis kann in der Eventbranche von großem Vorteil sein, sollten Sie aber eine eigene Agentur eröffnen wollen, dann sind betriebswirtschaftliche Grundlagen vorerst notwendiger.

3.3.2 Berufsausbildung

Die Industrie- und Handelskammern (IHK) erweitern ständig ihr Ausbildungsangebot im Eventbereich; sowohl technische als auch betriebswirtschaftliche Angebote werden im Folgenden genannt. Nähere Informationen finden Sie bei Ihrer örtlichen IHK oder im Internet unter www.ihk.de.

Die folgenden Ausbildungsgänge erfreuen sich besonderer Beliebtheit bei jungen Menschen. Aber auch Umschüler finden sich in den Reihen der Auszubildenden. Dabei gilt es zunächst, einen Ausbildungsbetrieb zu finden, der einen Ausbildungsplatz zur Verfügung stellt und auch über entsprechendes Ausbildungspersonal (Ausbilder) verfügt. Im Anschluss an die Meldung bei der IHK wird der Auszubildende bei einer Berufsschule in seiner Nähe angemeldet. Die Berufsschule findet entweder wöchentlich an ein bis zwei Tagen statt oder als Blockunterricht im Wechsel (z. B. vier Wochen Schule, acht Wochen Ausbildungsbetrieb).

• *Veranstaltungskaufmann/-frau (IHK)*
Die sehr beliebte duale Ausbildung zu diesem kaufmännischen Beruf ist seit 2001 möglich und findet sowohl im Betrieb als auch in der Berufsschule statt. Voraussetzung ist mindestens ein Hauptschulabschluss. Die Ausbildungsdauer beträgt in der Regel 3 Jahre, kann aber mit bestimmten Qualifikationen auf Antrag verringert werden.

• *Fachkraft für Veranstaltungstechnik (IHK)*
Wie der Name schon sagt, bezieht sich diese Ausbildung auf die technische Realisierung von Events jeglicher Art. Auch hier ist mindestens ein Hauptschulabschluss notwendig. Die reguläre Ausbildungsdauer beläuft sich ebenfalls auf 3 Jahre.

• *International Event Organiser*
Ein speziell vom AUMA (Austellungs- und Messe-Ausschuss der Deutschen Wirtschaft e. V.) konzipierter, vollberuflicher Ausbildungsgang an der ANGELL Akademie Freiburg, der innerhalb von 2 Jahren alle notwendigen Grundlagen mit Schwerpunkt auf Events vermittelt.

3.3.3 Weiterbildung

Im Eventbereich gibt es viele Möglichkeiten der Weiterbildung, die alle eine bereits abgeschlossene Berufsausbildung oder einen Hochschulabschluss erfordern.

• *Meister für Veranstaltungstechnik (IHK)*

Nicht zuletzt mit In-Kraft-Treten der Versammlungsstättenverordnung (VStättVO, siehe auch Kapitel 18) ist dies einer der populärsten Abschlüsse, die in der Eventbranche angestrebt werden. Die Qualifizierung zu dieser Weiterbildung erfordert einen Abschluss in einem anerkannten, einschlägigen Ausbildungsberuf mit zweijähriger Berufserfahrung.

• *International Event Organiser*

Man kann sich zu diesem Beruf nicht nur ausbilden sondern auch berufsbegleitend weiterbilden lassen. Dies erfordert jedoch eine abgeschlossene Berufsausbildung oder einen Hochschulabschluss oder einschlägige Erfahrungen in diesem Beruf.

• *Geprüfte/r Veranstaltungsfachwirt/in (IHK)*

3 - 6 Monate in Vollzeit oder 12 - 24 Monate berufsbegleitend findet dieser Lehrgang mit Schwerpunkt auf Organisation, Planung, Durchführung und Nachbereitung von Events statt.

4 Marketing

Grundkenntnisse im Marketing sind im Eventbereich unentbehrlich. Bücher über Marketing gibt es wie Sand am Meer, in betriebswirtschaftlichen Fakultäten ist es eines der beliebtesten Fächer. So weitreichend der Begriff Marketing auch ist, so eng werden wir ihn betrachten: Im Folgenden gehen wir nur auf praktische Grundlagen des Marketing ein, die unmittelbar das Wesentliche betreffen – das Event. Denn Events gewinnen im Marketing immer mehr an Bedeutung, da sie diversifizierter als die massentaugliche klassische Werbung (Print, Rundfunk, TV, Kino etc.) sind, in idealer Form auf die Zielgruppe zugeschnitten werden und die Bindung an ein Produkt oder Unternehmen auf erlebende, interaktive Art und Weise verstärken können.

4.1 Aufgaben des Marketing

Möchte man den Begriff „Marketing" ins Deutsche übersetzen, so findet man am häufigsten das Wort „Absatzförderung". Doch im theoretischen wie auch praktischen Sinne lässt sich Marketing noch näher definieren. So beschränkt es sich nicht nur auf externe Faktoren wie die Förderung des Absatzes, sondern beinhaltet ebenfalls interne Faktoren wie die Förderung von Mitarbeitern. Dass letztendlich alle Marketingbemühungen eines Unternehmens im Mehrverkauf des Produkts oder der Dienstleistung resultieren sollen, ist einleuchtend.

Nehmen wir das Beispiel eines Zahnpasta-Herstellers: Der Konsument hat ein Bedürfnis nach Hygiene und Pflege seiner Zähne, das der Hersteller befriedigen möchte. Nun finden wir aber im Supermarkt Unmengen verschiedener Arten von Zahnpasta, häufig desselben Herstellers. Was bewegt uns zum Kauf einer bestimmten Marke, und warum greifen einige Konsumenten zum billigen Produkt, andere wiederum zum teuren? Verlangt der Konsument außer der Bedürfnisbefriedigung von Hygiene und Pflege seiner Zähne noch mehr? Möchte er noch andere Bedürfnisse mit dem Kauf der Zahnpasta befriedigen? Sollte er sich für ein bestimmtes Produkt entscheiden, mit dem er sich identifizieren kann, so war das höchstwahrscheinlich der Erfolg der Marketingabteilung des Unternehmens.

Genau solchen Fragen geht Marketing nach. Dabei steht es aber in einer kritisch zu betrachtenden wechselseitigen Beziehung zwischen

Konsument und Hersteller: Einerseits versucht es Bedürfnisse des Konsumenten zu befriedigen, andererseits muss es zwangsläufig auch Bedürfnisse wecken.

4.2 Die Marketing-Konzeption

Unter einer Marketing-Konzeption versteht man die Erstellung eines Ablaufplans über Strategien und Instrumente zur Erreichung bestimmter Marketingziele eines Unternehmens. Dabei wird sozusagen ein Fahrplan erstellt, der sich aus 3 Ebenen zusammensetzt, die gemeinsam das Wo, Wie und Was des Plans klären sollen:

Ebenen der Marketing-Konzeption

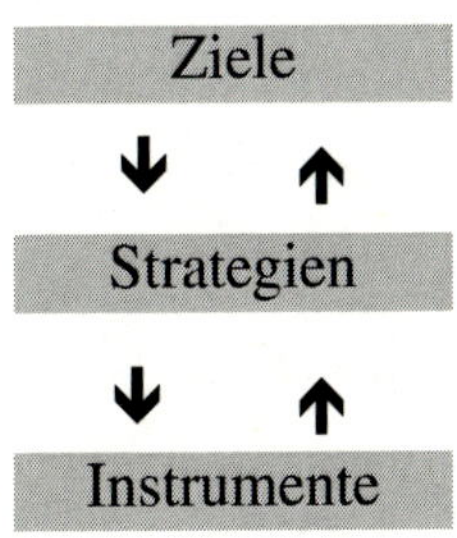

Über die festgelegten Ziele erörtert man treffende Strategien, findet anschließend passende Instrumente, die wiederum zur Strategie passen müssen, um die angestrebten Ziele erreichen zu können

4.3 Ziele des Marketing

Ziele des Marketing bestimmen, in welche Richtung Marketingbemühungen eines Unternehmens gehen sollen. In der Theorie werden Marketingziele in ökonomische und nicht ökonomische Ziele unterteilt. Dabei legen Unternehmen unterschiedlich viel Wert auf die verschiedenen Zielsetzungen:

Ökonomische Ziele	Nicht ökonomische Ziele
Umsatzziele	Bekanntheitsgrad
Gewinnziele	Image
Wachstumsziele	Corporate Identity
Marktanteilsziele	Vertrauen
Kostenziele	Qualität
Marktführerschaft	Zuverlässigkeit

4.4 Strategien des Marketing

Marketingstrategien versuchen zu erklären, wie die festgelegten Ziele erreicht werden sollen. Diese Aufgabe ist den Entscheidungsträgern im Unternehmen überlassen. Sie stellen sozusagen einen Fahrplan für die Vermarktung, beispielsweise eines Produktes, auf. Da Sie als Eventmanager nur ein kleiner Teil des gesamten Strategieplans sind und einen Auftrag ausführen sollen, werden hier keine Vermarktungsstrategien besprochen.

4.5 Instrumente des Marketing: Der Marketing-Mix

Das Marketing bedient sich verschiedener Instrumente, um den Konsumenten zum Kauf zu bewegen. Dabei ordnet man die Instrumente in vier verschiedene Kategorien ein die Sie sich – abhängig von der Zielgruppe des Events – zu Nutze machen können:

1. Produktpolitik
Die Produktpolitik soll die Akzeptanz beim Konsumenten/Kunden verbessern. Sie bedient sich an Instrumenten wie dem Design, der Qualität, dem Namen, der Marke etc.

2. Kontrahierungspolitik (Preispolitik)
Die Kontrahierungs- oder auch Preispolitik, beansprucht Instrumente, die im weitläufigen Sinne die Preise eines Produktes betref-

fen. Dies sind zum Beispiel Rabatte, Skonti oder Zahlungs- und Lieferbedingungen.

3. Distributionspolitik
Die Distributionspolitik beschäftigt sich mit der gesamten Verteilung des Produktes vom Produzenten zum Konsumenten. Hierbei werden Instrumente zur Verteilung, zum Absatz sowie der Logistik eingesetzt.

4. Kommunikationspolitik (Promotion)
Die für Sie als Eventmanager wohl wichtigste Kategorie der Marketinginstrumente ist die Kommunikationspolitik, denn diese Instrumente zielen auf die Kommunikation mit dem Konsumenten/Kunden ab. Durch sie soll es gelingen, die Bekanntheit des Produktes zu steigern, diesem ein positives Image zu geben und darüber Wissen zu schaffen. Solche Instrumente sind Werbung, Öffentlichkeitsarbeit (Public Relations, PR), persönlicher Verkauf, Verkaufsförderung, Sponsoring, Product Placement und eben auch Events.

Dieser für Sie als Eventmanager wichtigen Kategorie der Kommunikationspolitik widmen wir uns im nächsten Kapitel etwas mehr.

Den Einsatz von Instrumenten aller vier Kategorien im Rahmen einer Marketingstrategie bezeichnet man als Marketing-Mix.

Der Marketing-Mix

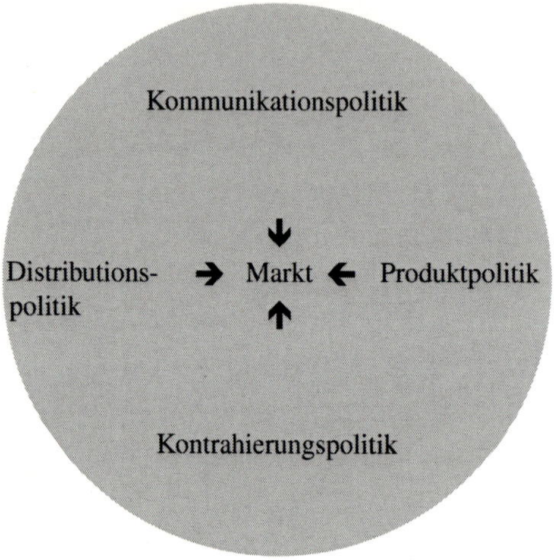

4.6 Kommunikationspolitik

Als wichtiger Bestandteil des Marketing-Mix hat die Kommunikationspolitik die Aufgabe, mit Hilfe der bereits erwähnten Instrumente Informationen an einen Empfänger zu senden, um Emotionen auszulösen und schließlich Aktionen hervorzurufen. Es soll praktisch eine zirkuläre Kommunikation zwischen Werbetreibendem und Konsumenten aufgebaut werden, wie das folgende Modell veranschaulicht:

Das erweiterte Kommunikationsmodell

4.6.1 Werbung

Obwohl Werbung ein eigenständiges Instrument im Sinne der Kommunikationspolitik ist, so sollten wir sie dennoch kurz betrachten. Hierbei gibt es interessante Beobachtungen zur Wirkung von Werbung und zum Entscheidungsverhalten von Konsumenten zu machen, welche sich auf das Kommunikationsinstrument Event – zumindest in der Praxis – projizieren lassen.

Das SOR-Modell zum Beispiel skizziert das Entscheidungsverhalten des Konsumenten. Es veranschaulicht, wie durch einen Stimulus (S) verschiedene Prozesse in einem Organismus (O) in Gang gesetzt werden, die letztlich zu einer Reaktion (R) führen.

Das individuelle Entscheidungsverhalten im SOR-Modell

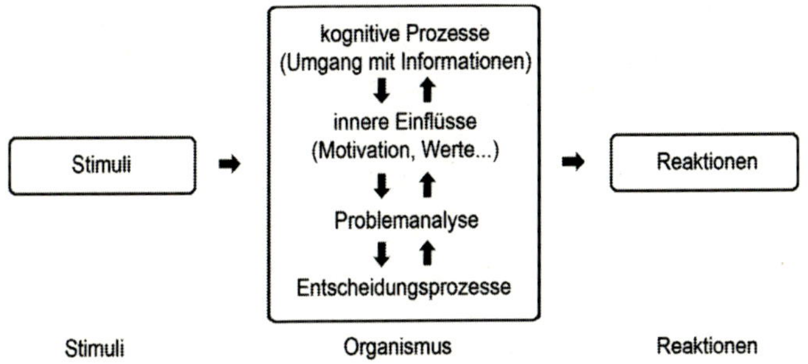

Das so genannte Hierarchy-of-Effects-Modell wiederum gliedert den Kaufentscheidungsprozess in eine hierarchische Abfolge. Diese Prozesse vollzieht der Konsument wie folgt:

1. Awareness (der Konsument weiß von dem Produkt)
2. Knowledge (die Eigenschaften des Produkts sind bekannt)
3. Liking (das Produkt wird positiv anerkannt)
4. Preference (das Produkt wird bevorzugt)
5. Conviction (der Konsument ist überzeugt, das Produkt zu kaufen)
6. Purchasing (das Produkt wird gekauft)

Beide Modelle geben einen kleinen Einblick in die weitreichende Psychologie des Marketings und sollen bei der Durchführung von Events und deren Ausrichtung auf eine Zielgruppe als Hilfe dienen.

4.6.2 Events als Marketinginstrument

Es heißt, dass Events von allen Instrumenten des Marketing den nachhaltigsten Effekt haben und somit am längsten im Gedächtnis des Empfängers bleiben. Sie haben einen enormen Vorteil gegenüber anderen Instrumenten der Kommunikationspolitik: Sie lösen Emotionen aus, die lange anhalten, da meist alle Sinne angesprochen werden. Ein Event ist eine erlebbare Art der Verkaufsförderung oder auch der Verbesserung der Unternehmensqualität. Die anvisierte Zielgruppe wird mit einbezogen, sie ist fester Bestandteil des Events. Zudem sind Events auf die Zielgruppe zugeschnitten und haben somit eine höhere Akzeptanz als beispielsweise Fernsehwerbung, die zwar eine Masse erreicht, aber keine starken Reaktionen auslöst. Der US-Unternehmer Henry Ford sagte einmal: „Ich weiß, die Hälfte meiner Werbung ist hinausgeworfenes Geld. Ich weiß nur nicht, welche Hälfte das ist.“ Dies dürfte auf Events nicht ganz zutreffen, da sie wesentlich persönlicher sind als andere Instrumente der Kommunikationspolitik. Diese hohe Akzeptanz von Events bei Unternehmen wie auch Kunden bestätigt die positive Nachfrageentwicklung nach Events.

4.6.3 Corporate Identity

Corporate Identity hat die Aufgabe, alle kommunikationspolitischen Aktivitäten zu einer individuellen, mit der Vision und Philosophie des Unternehmens harmonierenden Identität zu formen. Dabei unterscheidet man zwischen drei Instrumenten:

1. Corporate Design (CD): Die gesamte Erscheinung des Unternehmens soll schlüssig sein. Gerade das CD spielt eine entscheidende Rolle bei der Identifikation des Unternehmens. Ein Logo sagt mehr als tausend Worte. Ebenso spielen beispielsweise Schriftart, Form,

Farben, Haptik und das Design der Produktverpackung eine wichtige Rolle.

2. Corporate Communications (CC): Auf welche Art mit dem Konsumenten kommuniziert wird, das beschreibt CC. Nicht nur die Wahl der Werbemittel wie Fernsehwerbung, Anzeigen oder Beilagen ist entscheidend, vor allem Slogans drücken die Unternehmensphilosophie aus. Wie beim Logo hat man beim Slogan einen hohen Identifikationswert, zudem drückt er (Marketing-) Ziele des Unternehmens aus, die Emotionen beim Konsumenten wecken sollen.

3. Corporate Behaviour (CB): Als CB sieht man den öffentlichen Auftritt des Unternehmens auf Märkten.

5 Kreativitätstechniken

Kreativitätstechniken erleichtern Ihnen die Arbeit bei der Findung von Lösungsvorschlägen und Ideen. Jeder Mensch besitzt Kreativität, die aber erst durch verschiedene Arten zum Ausdruck kommt – bei manchen schneller, bei anderen langsamer. In Ihrer Aufgabe als Eventmanager müssen Sie immer wieder neue Ideen und Konzepte entwickeln, um Ihre Auftraggeber zu befriedigen. Jedes Event soll zudem auch einzigartig und auf das jeweilige Unternehmen zugeschnitten sein.

Kreativitätstechniken werden angewandt, weil wir oft in denselben Bahnen denken und uns aus unserer Denkstruktur nur selten herausbegeben. Solche Techniken fördern das freie Denken ohne festgelegte Strukturen und Bewertungen. Die Voraussetzungen sind dabei für alle Techniken gleich:

- Sie dürfen die Kreativität nicht erzwingen.
- Sie dürfen die Vorschläge anderer im kreativen Prozess nicht kritisieren beziehungsweise werten oder so genannte Killerphrasen („Das bringt doch alles nichts!") benutzen.
- Spinnen Sie herum.
- Es gibt keinen zu gewagten Vorschlag.
- Quantität der Ideen geht vor Qualität.
- Lassen Sie Ihren Gedanken freien Lauf.

Es gibt unheimlich viele Kreativtechniken, die alle ihre Vor- und Nachteile haben. Im Folgenden werden die gebräuchlichsten vorgestellt, die sich in der Praxis bewährt haben.

5.1 Brainstorming

Das Brainstorming ist wohl der Klassiker unter den Kreativitätstechniken. Es hilft Ihnen, innerhalb kurzer Zeit eine Menge an Ideen über ein bestimmtes Thema zu finden. Brainstorming kann sowohl von einer Einzelperson durchgeführt werden, als auch innerhalb einer Gruppe. Letzteres hat den Vorteil, dass wesentlich mehr Ideen zusammenkommen und auch Teilnehmer von anderen Ideen profitieren und diese weiterentwickeln können. Sind in Ihrer Gruppe Teilnehmer verschiedener Aufgabenbereiche und Qualifikation, so finden sich mehr und durchweg unterschiedliche Vorschläge.

Durchführung

1. Jeder Teilnehmer erhält ein weißes Blatt Papier, das er unter Ausnutzung des gesamten Raumes beschreiben kann. Es ist darauf hinzuweisen, dass die Teilnehmer nicht wie gewohnt linear untereinander, sondern in jede Ecke des Papiers quer in alle Richtungen und Größen schreiben. Auch die Benutzung von Farbstiften kann den kreativen Prozess fördern. Die Problematik sollte von einem Leiter konkret dargestellt sowie die Regeln bekannt gegeben werden.
2. Es wird ein zeitlicher Rahmen von in der Regel 10 Minuten festgelegt.

3. Unter Ausnutzung der vollen Zeit und des gesamten Papiers werden nun Ideen zur konkreten Problematik gesammelt. Es sollte nichts durchgestrichen werden – wie gesagt, es gibt keinen zu gewagten Vorschlag. Während dieser Zeit ist es nicht erlaubt, Ideen zu bewerten. Jedoch dürfen Sie sich ruhig von Ihren eigenen und denen anderer inspirieren lassen.
4. Nach Ablauf der Zeit werden alle Ideen gesammelt und bewertet; häufig finden sich bei anschließender Besprechung weitere Vorschläge.

Vorteile
- einfache und schnelle Durchführung
- viele Ideen in kürzester Zeit
- Ermöglicht allen Teilnehmern, auch jenen die sich seltener beteiligen, ihre Ideen zu äußern.
- Synergieeffekte werden genutzt (gegenseitige Beeinflussung).
- geringe Kosten

Nachteile
- eventuell lange Nachbearbeitung bei großer Sammlung an Vorschlägen
- Der Großteil der Vorschläge kann verworfen werden (> 90 %).
- Kreative Vorschläge unter Zeitdruck können nicht von jedem Teilnehmer erbracht werden.
- Gefahr der Gruppenbildung

Im Allgemeinen kann man sagen, dass Brainstorming zu guten Ergebnissen unter geringem Zeitaufwand führt.

5.2 Mind Map

Die Erstellung einer Mind Map („Gedanken-Karte“) eignet sich nicht nur zur Ideenfindung sondern auch zur Strukturierung bereits gefundener Ideen. In der Mitte der Karte befindet sich ein Stichwort, zu dem Verknüpfungen gesucht werden. Dabei ist grundsätzlich keine Einschränkung beziehungsweise kein Ende gesetzt, denn die Verästelungen können immer weiter reichen.

Mind Maps werden zur Vorbereitung von Vorträgen, zur klaren Strukturierung von Texten, zur Projektplanung oder bei Meetings zum Festhalten von Ideen benutzt. Die Darstellung kann jeweils in grafischer, elektronischer oder handschriftlicher Form erfolgen.

Durchführung
Das Erstellen einer Mind Map ist sehr einfach. Schreiben Sie in die Mitte eines Blattes ein Stichwort, zu dem Sie Gedanken, Assoziationen oder Ideen festhalten wollen. Was auch immer Sie mit diesem Stichwort verbinden, schreiben Sie nieder. Verbinden Sie nun das neue Stichwort und Ihr Ausgangsstichwort mit einer Linie. So können Sie vom Stichwort ausgehend weitere Verästelungen festhalten.

Mind-Map am Beispiel „Musik"

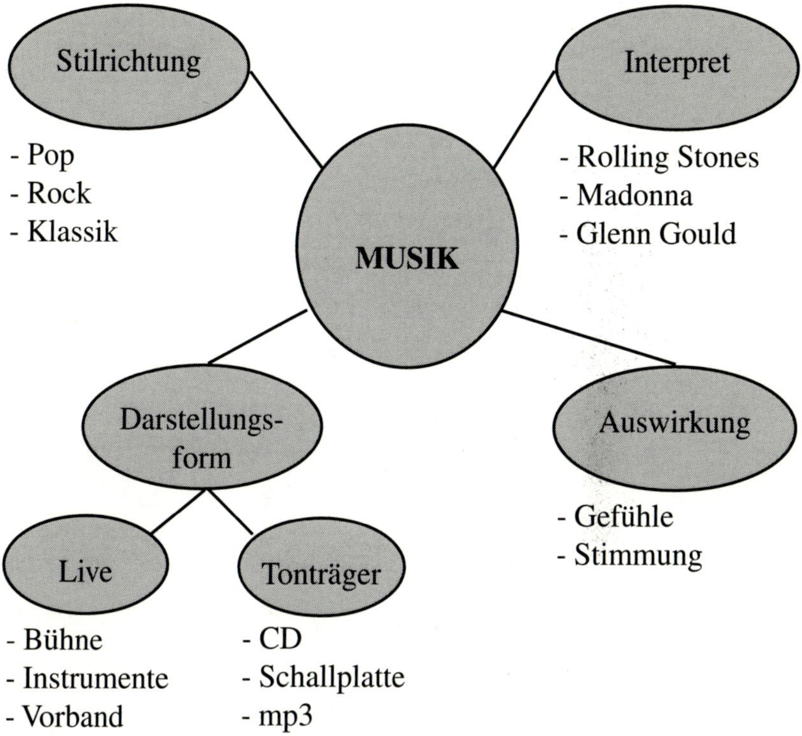

Anstatt Wörter zu benutzen, können Sie Bilder malen, Skizzen anfertigen und auch ausdrucksstarke Farben verwenden, um die Mind Map klarer im Gedächtnis zu haben.

Wenn Sie einige Zeit daran gesessen haben, wird die Mind Map nicht mehr so ordentlich aussehen und bedarf gegebenenfalls einer klaren Neustrukturierung.

Tipp: Haben Sie bereits Ideen gesammelt, arbeiten aber noch an der Strukturierung, dann können Sie die Stichwörter auch ausschneiden, auf einem Tisch ausbreiten und hin und herschieben, bis Sie mit der Strukturierung zufrieden sind.

Vorteile
- Gedanken werden direkt miteinander verknüpft.
- Die Verästelungen verraten Schwerpunkte, auf die sich aufbauen lässt.
- Form und Inhalt lassen sich einfach einprägen.
- geringe Kosten

Nachteile
- Kann für Außenstehende unübersichtlich wirken.
- Komplexe Fragestellungen bedürfen mehrerer Mind Maps.

5.3 Methode 635

Die Methode 635 kann nur in einer Gruppensitzung stattfinden. Ähnlich dem Brainstorming verfolgt sie das Ziel, die Teilnehmer anzuregen und deren Ideen weiterzuentwickeln. Allerdings geschieht dies bei der Methode 635 auf schriftlichem Wege, da Blätter mit Ideen reihum gehen.

Ihren Namen „Methode 635" erhält diese Kreativitätstechnik aus folgendem Grund: 6 Personen notieren jeweils auf verschiedenen Blättern 3 Ideen innerhalb von 5 Minuten. Natürlich ist die Zahl der Personen variabel genauso wie die Dauer je Runde. Unter diesen Bedingungen jedoch käme man in 30 Minuten (= 6 Runden à 5 Minuten) auf 6 (Runden) x 6 (Teilnehmer) x 3 (Ideen) = 180 Ideen.

Durchführung
1. Jeder Teilnehmer erhält ein Blatt mit der Problemstellung.
2. Bei Start schreibt nun jeder Teilnehmer 3 Ideen auf das Blatt.
3. Nach Ablauf von 5 Minuten gibt jeder Teilnehmer das Blatt im Uhrzeigersinn weiter.
4. Nachdem jeder Teilnehmer einmal auf jedes Blatt geschrieben hat, wird die Runde beendet.
5. Alle Blätter werden gesammelt und gegebenenfalls direkt besprochen.

Vorteile
- fördert jeden Teilnehmer in seinen Ideen
- stärkt die Teamfähigkeit
- es bildet sich keine Hierarchie
- viele Ideen in relativ kurzer Zeit
- Zeitdruck kann anregend sein
- geringe Kosten

Nachteile
- zu viele ähnliche Ideen
- undeutliche Schriften
- Zeitdruck kann blockierend wirken

5.4 Morphologischer Kasten

Der Morphologische Kasten bietet sich bei komplexen Fragestellungen an. Diese Methode kann in einer Gruppe aber auch alleine durchgeführt werden.

Durchführung
Sie erstellen eine Tabelle, in der Sie in der linken Spalte die eindeutig definierten Fragestellungen eintragen. Schreiben Sie nun in die weiteren Spalten rechts daneben mögliche Lösungen. So erhalten Sie am Ende eine Matrix, deren einzelne Elemente Sie einfach vergleichen können.

Sind alle Felder ausgefüllt, beginnen Sie mit der Analyse. In diesem Stadium ist eine Erörterung innerhalb einer Gruppe sinnvoll, um die Lösungsvorschläge aus verschiedenen Blickwinkeln bewerten zu können. Suchen Sie also nun zu jeder Fragestellung die besten Lösungen heraus und markieren Sie diese. Somit sollten alle Fragestellungen optimal gelöst sein.

Alternativ können Sie noch ganz intuitiv zu jeder Fragestellung eine beliebige Zelle markieren und erhalten so einen weiteren Lösungsweg, den Sie mit dem von Ihnen gewählten vergleichen können.

Beispiel: Konzeption eines neuen Autos

Material	Stahl	Glas	Holz	Stein
Treibstoff	Sonne	Gas	Benzin	Wasserstoff
Design	sportlich	klassisch	edel	familiär
Anzahl Türen	4	2	6	5
Typ	Cabrio	Coupé	Kastenwagen	Kombi

Vorteile

- Sehr komplexe Probleme können übersichtlich behandelt werden.
- Es werden schnell viele Lösungen gefunden.
- einfacher Ablauf

Nachteile

- Zu viele Kombinationsmöglichkeiten können verwirren.

5.5 Delphi-Methode

Die Delphi-Methode ist ein strukturiertes Verfahren zur Befragung von Experten. In mehreren Stufen werden die Befragten Schritt für Schritt mit einer Fragestellung konfrontiert, für die es Lösungsansätze zu finden gilt. Dabei gibt es zwei Varianten: Bei der einen dürfen sich die Experten miteinander abstimmen und Lösungsansätze erörtern, bei der anderen ist eine solche Abstimmung nicht möglich.

Durchführung
Mehreren Experten wird ein Thesenkatalog ihres Fachgebiets zur Problemstellung vorgelegt, den sie in mindestens zwei Runden ohne Zusammenarbeit mit anderen Experten einschätzen und bewerten müssen. Ein Projektleiter korrigiert diese Bewertungen und gibt für eine weitere Runde die korrigierten Kataloge an die jeweiligen Personen zurück. Die Runden wiederholen sich so lange, bis ein gemeinsamer Konsens gefunden wurde.

Eine einfache Variante dieser Methode findet unbewusst auch im Arbeitsalltag statt: Experten werden zu einem Thema befragt, ihre Aussage mit der anderer Experten verglichen und angepasst und gegebenenfalls eine erneute Befragung durchgeführt.

Vorteile
- Lösungsansätze basieren auf Expertenwissen
- komplexe Sachverhalte werden prägnant formuliert
- schwer realisierbare Ansätze werden durch den Vergleich der Antworten und die Anpassung reduziert

Nachteile
- eingeschränkte Sichtweise der Experten
- Fehleinschätzung der Experten aufgrund unterschiedlicher Einstellungen
- verzerrtes Ergebnis durch Anpassung der Thesen

6 Rechnungswesen

Grundwissen im Rechnungswesen ist bei einer projektorientierten Tätigkeit wie der des Eventmanagers sehr wichtig. Insbesondere, wenn Sie mit einer eigenen Eventagentur tätig sind, sind Kenntnisse in den Bereichen der Buchführung, der Inventarisierung, des Jahresabschlusses und der Kostenrechnungen unumgänglich.

Rechnungswesen ist ein weitläufiges Lehrgebiet, das über die allgemeinen Tätigkeiten des Eventmanagers hinausgeht. Daher konzentrieren wir uns zur Planung und Durchführung eines Events in Kapitel 14.5 „Kalkulation und Kosten" lediglich auf praxisrelevante Punkte, die unmittelbar das Event betreffen.

7 Personalmanagement

Qualifizierte und zuverlässige Mitarbeiter sind das A und O für einen professionellen Service. Investieren Sie viel Zeit bei der Suche nach geeigneten Dienstleistern. Anfangs ist es sinnvoll, projektbezogen auf freie Mitarbeiter – so genannte Freelancer – oder spezielle Agenturen mit entsprechender Erfahrung zurückzugreifen. Personalkosten sind der größte Kostenpunkt in einer Agentur, was bei einem großen Mitarbeiterstamm und bei schlechter Auftragslage fatale Folgen haben kann. Das Arbeitspensum von Mitarbeitern wird von Projekt zu Projekt schwanken und zwischen den Projekten gen null laufen. Haben Sie dann viele feste Mitarbeiter, können diese Kosten Sie erdrücken. Hier sollte alles Schritt für Schritt überlegt werden. Eventuell ist es sinnvoller, teurere Überstunden zu zahlen, die leicht wieder abzubauen sind, als einen Mitarbeiter einzustellen, dessen Kapazität vielleicht anfangs voll beansprucht wird, sich jedoch später nicht oder nur bedingt zurückschrauben lässt. Aus diesem Grunde seien Ihre Einstellungen gut überlegt.

Eine pauschale Empfehlung kann an dieser Stelle nicht gegeben werden, da wie bereits erwähnt die Arbeit je nach Projekt extrem schwankt. Erstellen Sie sich aber unter allen Umständen eine Kartei mit potenziellen Mitarbeitern, auf die Sie ständig flexibel zurückgreifen können.

7.1 Mitarbeiterführung

Mitarbeiter zu führen ist eine Kunst für sich. Eine gewisse Autorität sollte bei Ihnen veranlagt sein, um die vom Kunden gewünschte Idee sorgfältig aufnehmen und in Form von Ausführungen an Ihre Mitarbeiter weitergeben zu können. Doch sollten Sie sich auch vornehmen, auf Anregungen seitens Ihrer Mitarbeiter einzugehen, um Arbeitsabläufe verbessern und allgemeine Zufriedenheit wahren zu können.

Wie Sie feststellen werden, sind bestimmte Führungsqualitäten erforderlich, die einen guten Eventmanager ausmachen:

• *Ziele setzen*
Klare und erreichbare Ziele müssen definiert werden, um diese erfolgreich an Mitarbeiter kommunizieren zu können.

• *Kommunikation/Zuhören*
Ein reger Informationsaustausch zwischen Ihnen und Ihren Mitarbeitern gehört zu einer guten Kommunikationsstruktur. Das gleiche gilt auch für wachsames Zuhören, denn ein erhörter Mitarbeiter ist ein zufriedener Mitarbeiter.

• *Delegation*
Aufgaben müssen vom Eventmanager übertragen und verteilt werden. Dazu später mehr.

• *Konflikt- und Problemlösung*
Bei der Organisation und Durchführung von Events arbeiten für ein gemeinsames Ziel Menschen unterschiedlichster Art zusammen. Dass dabei Meinungsverschiedenheiten und Konflikte auftreten, ist ganz normal. Durch den geschickten Einsatz von Führungsstil und -techniken können viele zwischenmenschliche Probleme bereits im Vorfeld gelöst werden. Auch der Einsatz von Strafen muss in Erwägung gezogen werden.

• *Verhandlungsgeschick*
Zur Führung von Mitarbeitern gehört ebenfalls ein ausgeprägtes Verhandlungsgeschick, das sich durch sicheres Auftreten und Bestimmtheit rechtmäßiger Forderungen erreichen lässt.

• *Kreativität fördern*
Unterschätzen und Unterbinden Sie nicht die Kreativität Ihrer Mitarbeiter – sofern es gefordert ist. Nicht jeder Mitarbeiter muss kreativ sein, manche haben lediglich Ihren Anweisungen zu folgen.

• *Glaubwürdigkeit*
Führen Sie Personal, so liegt der Erfolg zu großen Teilen an Ihrer Glaubwürdigkeit. Glaubwürdigkeit entsteht unter anderem durch Fachkompetenz oder Autorität, die Sie genießen.

• *Aus Erfahrung lernen*
Fehler einzugestehen, ist keine Schwäche – im Gegenteil. Ein glaubwürdiger Manager, der einen Fehler eingesteht, die Ursache verfolgt und nicht mehr zulassen wird, genießt weit mehr Vertrauen, als jener, der die Schuld bei anderen sucht. Fehler zu machen gehört bei großen Projekten dazu und muss als Lernprozess gesehen werden.

• *Konstruktive Kritik*
Mitarbeitern ein Feedback zu geben ist wichtig und motiviert. Zum einen signalisieren Sie dadurch, dass das Ziel zu Ihrer Zufriedenheit

erreicht wurde, zum anderen können Sie kleinere Probleme oder Missverständnisse erneut ansprechen und für das nächste Mal aus dem Weg räumen.

All diese Qualitäten finden sich in der praxisorientierten Theorie wieder. Dort wird zwischen Führungsstil und Führungstechniken, die den Führungsstil umsetzen, unterschieden. Der Einsatz dieser Stile und Techniken hängt stark von Ihrer Persönlichkeit und Arbeitsweise ab.

7.1.1 Führungsstil

Ihr Führungsstil stellt den gleichmäßigen Umgang mit Mitarbeitern dar. Der Führungsstil ist ein permanent ausgerichtetes und gleichbleibendes Führungsverhalten, um ein einheitliches und vorhersehbares Ergebnis zu erreichen. Dabei unterscheidet man zwischen unterschiedlichen Arten der Führung, die den Einfluss des Managers auf Mitarbeiter kategorisieren. Der Führungsstil reicht hierbei in mehreren Graden vom autokratischen oder auch autoritären Führungsstil (keine Beteiligung oder Berücksichtigung von Mitarbeitern), über den kooperativen Führungsstil (Gleichstellung und Wertschätzung des Mitarbeiters) bis hin zum autonomen Führungsstil (völlige Arbeitsfreiheit der Mitarbeiter).

Zum vereinfachten Miteinander und einer Gleichbehandlung ist ein einheitlicher Führungsstil notwendig. Je nach Situation, Team oder Individuum kann bzw. muss der Führungsstil in einem gewissen Maß angepasst werden.

7.1.2 Führungstechniken

Führungstechniken sind Hilfsmittel, die den Führungsstil umsetzen und bei der Erreichung der Ziele unterstützen. Die häufigsten aus der Praxis stammenden Techniken sind dabei:

• *Führung durch Zielvereinbarung (Management by Objectives)*
Sehr populäre Technik, die einen weitgehend kooperativen Führungsstil unterstützt. Befähigt Mitarbeiter zu eigenen Entscheidungen und baut auf gute Kommunikation in Bezug auf den Grad der Zielerreichung, der gleichzeitig auch eine geltliche Belohnung darstellen kann.

• *Führung durch Partizipation (Management by Participation)*
Je mehr ein Mitarbeiter an der Zielsetzung des Projekts mitwirken kann, desto stärker identifiziert er sich mit seiner Arbeit. Diese Technik bezieht in hohem Maße Mitarbeiter und deren Einfluss auf Entscheidungen ein.

• *Führung durch Delegation (Management by Delegation)*
Mit dieser Technik werden Grenzen vorgeschrieben, innerhalb derer Mitarbeiter Entscheidungen selbständig treffen können und Verantwortung übernehmen.

• *Führung im Ausnahmefall (Management by Exception)*
Im täglichen Arbeitsablauf sind alle Entscheidungsbefugnisse verteilt und klar abgegrenzt. Lediglich im Ausnahmefall, sprich bei Überschreitung der Kompetenz oder zugebilligten Befugnis, greift der Manager ein.

7.2 Mitarbeitermotivation

Seien es fremde Mitarbeiter (beispielsweise von der beauftragten Cateringfirma) oder Ihre eigenen – für ihr Auftreten sind letztendlich Sie verantwortlich. Wenn jedoch jeder Mitarbeiter vollends motiviert ist und sich auch mit seiner Arbeit identifiziert, dann springt dieser Enthusiasmus ebenso auf die Gäste beziehungsweise den Kunden über. Denken Sie doch vielleicht mal daran, nach mehreren besonders gut verlaufenen Aufträgen treuen Mitarbeitern einen Bonus auszuzahlen. Bis zu einem gewissen Grad wird sich solch ein

Bonus sehr positiv auf deren Motivation auswirken. Bis zu einem gewissen Grad deswegen, weil letztendlich der wirklich starke Antrieb nicht monetärer Art sein sollte, sondern intrinsische Motive – sprich: Motive aus einem selbst heraus – diesen Antrieb verursachen sollten.

In der wissenschaftlichen Lehre ist wohl die bekannteste These zu diesem psychologischen Phänomen die Zwei-Faktoren-Theorie von Frederick Herzberg, welche auf so genannte Hygienefaktoren (wie zum Beispiel Arbeitsbedingungen, Entgelt, Status, Sicherheit) auf der einen und so genannte Motivatoren (wie zum Beispiel Verantwortung, erbrachte Leistung, Anerkennung aufgrund der Leistung etc.) auf der anderen Seite eingeht und somit die Zufriedenheit des Mitarbeiters modellhaft zu erklären versucht. Erst mit Befriedigung der Hygienefaktoren, welche den Mitarbeiter zufrieden stellen, können Motivatoren, die den Mitarbeiter glücklich machen, für ihn relevant werden.

Das heißt: Laut vorliegender Theorie kann ein Mitarbeiter nicht glücklich in seinem Job werden, wenn er zwar Verantwortung hat, aber keine entsprechende Entlohnung erhält. Andererseits wird es ihn ebenfalls nicht glücklich machen, ein hohes Entgelt zu kassieren, wenn er auf Dauer keine Verantwortung oder Anerkennung für seine Leistung erhält. Wie gesagt, so die Theorie. Behalten Sie diese aber im Hinterkopf, denn in der Praxis stellen die Faktoren eine gute Möglichkeit dar, Mitarbeiter zufriedenzustellen und zu motivieren. Auch das gemeinsame Feiern von sogenannten "Meilensteinen" – erreichten Zwischenzielen – trägt zur allgemeinen Zufriedenheit bei und formt Ihr Team.

Als verantwortungsvoller Eventmanager sollten Sie die Motivation Ihrer Mitarbeiter nie aus den Augen verlieren, denn diese wird bis zu Ihrem Kunden durchdringen. Im Anhang 23.2 befindet sich ein Eventprotokoll, in welchem Sie Vorschläge Ihrer Mitarbeiter zu späteren Optimierungen aufnehmen sollten.

8 Rechtliche Grundlagen: Vertragsarten

Im Eventbereich treten Sie mit Geschäftspartner in unterschiedliche vertragliche Verhältnisse, die rechtlich alle gesondert zu betrachten sind.

Möchten Sie detaillierte Informationen zu rechtlichen Beziehungen haben oder einfach den gesetzlich korrekten Wortlaut nachschlagen, so empfehle ich ihnen den Kauf eines Bürgerlichen Gesetzbuchs (BGB) und eines Handelsgesetzbuchs (HGB), die auch in so genannten Wirtschaftsrechtsbüchern gemeinsam zu erwerben sind.

Als kleiner Exkurs folgen die gängigsten Vertragsarten in der Eventbranche mit Anmerkungen zu ihrer jeweiligen Beschaffenheit:

8.1 Dienstvertrag

In der Regel ist beispielsweise der Gastspielvertrag zwischen Künstler und Eventmanager ein Dienstvertrag. Hierbei handelt es sich um einen gegenseitig schuldrechlichen Vertrag. Das heißt, der verpflichtete Künstler ist zur Leistung der versprochenen Dienste und Sie als Eventmanager zur Leistung der vereinbarten Vergütung verpflichtet (§ 611 ff. BGB).

Bei dieser Vertragsart ist der Künstler lediglich zum Tätigwerden verpflichtet und schuldet im Gegensatz zum Werkvertrag nicht den Erfolg.

Folgende Punkte sind Bestandteil des Vertragsverhältnisses:

• Bei höherer Gewalt oder unfallbedingter Verhinderung behalten sich beide Vertragsparteien vor, das Event im gegenseitigen Einvernehmen abzusagen. Hierbei sollte auf jeden Fall Rücksprache zwischen Ihnen und dem Künstler beziehungsweise dessen Vertreter gehalten werden und über einen möglichen Nachholtermin nachgedacht werden.

- Bei Vertragsbruch zahlt der schuldige Partner eine Konventionalstrafe in Höhe der vertraglich vereinbarten Summe.
- Durch ihre Unterschrift im Vertrag bestätigen Sie als Eventmanager die Kenntnisnahme der Bedingungen und Anforderungen des Künstlers und sichern diesem eine ordnungsgemäße Durchführung des Events zu.
- Als Eventmanager sind Sie zu einem ordentlichen und störungsfreien Ablauf des Events verpflichtet. Geschehnisse, die die Leistung des Künstlers beeinträchtigen und somit den Abbruch der Veranstaltung zur Folge haben, entbinden Sie nicht von der Erfüllung des Vertrags.
- Der Künstler ist im Gegenzug verpflichtet, pünktlich am Auftrittsort zu sein, damit ein reibungsloser Ablauf seinerseits gesichert ist.
- Kommt es bei Open-Air-Veranstaltungen zu schlechter Witterung, sodass ein Auftritt des Künstlers nicht möglich ist und auch keine Ausweichmöglichkeiten gegeben sind, erhält der Künstler seine Gage dennoch in der Regel in voller Höhe.
- Bei Ausfall der Veranstaltung aufgrund von Krankheit des Künstlers muss nach gegenseitiger Absprache ein Nachholtermin zu gleichen vertraglichen Konditionen eingeholt werden.
- GEMA- und Gebühren für die Künstlersozialkasse trägt in der Regel der Eventmanager (siehe auch Kapitel 19 „GEMA“ und Kapitel 20 „Künstlersozialkasse (KSK)“).

8.2 Werkvertrag

In einigen Fällen kann der Auftrittsvertrag zwischen dem Künstler beziehungsweise seinem Vertreter und dem Eventmanager Kriterien eines Werkvertrags erfüllen.

Hierbei sind Sie als Eventmanager wie beim Dienstvertrag zur Zahlung der vereinbarten Vergütung sowie zum ordnungsgemäßen Ablauf der Veranstaltung verpflichtet (§ 631 ff. BGB). Der Künstler hingegen schuldet laut Vertrag seinem Partner die Herbeiführung eines Erfolgs.

Diese im Falle eines Künstlerauftritts etwas überspitzt klingende Bedingung ist nicht an der Resonanz des Publikums oder des Eventmanagers zu messen. Vielmehr ist sie so zu verstehen, dass der Künstler seinen Auftritt zu Ende bringen muss. Im Gegensatz zum Dienstvertrag, bei dem der Künstler zum bloßen Tätigwerden verpflichtet ist und theoretisch das Konzert mittendrin abbrechen könnte, muss er beim Werkvertrag das Konzert vollenden.

8.3 Werklieferungsvertrag

Ein Werklieferungsvertrag kommt zwischen Ihnen und einem Unternehmen zustande, dass sich verpflichtet, ein Werk aus einem von ihm zu beschaffenden Stoff herzustellen und den Besitz und das Eigentum daran auf Sie zu übertragen (§ 651 BGB).

Im konkreten Fall eines Events treten Sie als Eventmanager häufig mit Cateringfirmen in dieses Vertragsverhältnis. Hierbei ist die Cateringfirma verpflichtet, Waren wie Essen und Getränke gemäß dem Angebot zu beschaffen und diese ordnungsgemäß zu verwenden und zur Verfügung zu stellen.

8.4 Mietvertrag

Leihen Sie sich Technik von einer PA-Firma, so treten Sie mit dieser in ein Mietverhältnis.

Sie leihen sich gegen den so genannten Mietzins Sachen zum Gebrauch aus (§ 535 ff. BGB), haften im Gegenzug dafür aber auch für diese Geräte, sollten sie beschädigt werden oder abhanden kommen. Entweder müssen Sie dann die Reparatur der Geräte zahlen oder für einen gleichwertigen Ersatz sorgen.

In der Regel werden die Geräte in einwandfreiem Zustand übergeben. Sollte dies nicht der Fall sein und können die Geräte nicht eingesetzt werden, so müssen Sie den Mietpreis dafür nicht bezahlen. Für daraus resultierende Umsatzausfälle oder Schadenersatzforderungen kann der Vermieter allerdings nicht haftbar gemacht werden, wenn ihm der Fehler zuvor nicht bekannt war und nicht grob fahrlässig gehandelt wurde.

Bei höherer Gewalt kann der Vermieter ebenfalls nicht haftbar gemacht werden.

9 Versicherungen

Da bei Events viele Menschen arbeiten und noch mehr Menschen teilnehmen, sollten Sie sich im Vorfeld bereits gut gegen eventuell auftretende Schäden absichern. Versicherungsangelegenheiten liegen in aller Regel beim Veranstalter, also bei Ihnen und nicht beim Kunden oder dem Vermieter der Location.

Einige Versicherungen müssen abgeschlossen werden, andere wiederum sind optional. Diese Optionen hängen ganz von den speziellen Gegebenheiten Ihres Events ab. Zum Beispiel benötigen Sie keine (optionale) Auslandszusatzversicherung, wenn sich keiner Ihrer Mitarbeiter im Ausland aufhält.

9.1 Veranstalterhaftpflicht

Die Veranstalterhaftpflichtversicherung – eine Versicherung, die auf jeden Fall abgeschlossen werden muss – sichert Sie unter anderem gegen folgende Schäden und Risiken ab:

- Sachschäden
- Personenschäden

- Brandschäden an Gebäuden
- Vermögensschäden
- Umwelthaftpflicht
- Nichteinhaltung von Aufbau- und Abbauzeiten

9.2 Elektronikversicherung

Eine weitere Versicherungsart ist die Elektronikversicherung. Diese deckt Schäden an Ton-, Licht-, Video- und Projektionsausrüstung durch folgende Ursachen ab:

- Brand, Explosion
- Kurzschluss
- Wasserschaden
- Diebstahl, Raub, Einbruch
- Fahrlässigkeit
- Vorsatz Dritter
- Konstruktionsfehler
- höhere Gewalt
- (beschränkt) Transport

9.3 Veranstaltungsausfallversicherung

Auch gegen den Ausfall, Abbruch oder die geänderte Durchführung eines einzelnen Events können Sie sich versichern lassen, sofern die Ursache nicht in Ihrem Einflussbereich oder dem eines von Ihnen beauftragten Unternehmens liegt. Ein Versicherungsfall hängt von den Bedingungen der Versicherung ab und kann aus verschiedenen Gründen eintreten:

- Höhere Gewalt (beispielsweise der Ausfall/Störung des öffentlichen Stromnetzes)
- Ausfall eines Künstlers (Krankheit, Unfall, Tod, sowie verkehrsbedingte Ereignisse)

9.4 Wetterversicherung

Wenn Ihr Event stark von Witterungsbedingungen abhängig ist und unter freiem Himmel stattfindet, dann bietet sich eine Wetterversicherung an. Stellen Sie sich nur ein Solarautorennen ohne Sonne, ein Surfwettbewerb ohne Wind oder ein Ski-Incentive ohne Schnee vor. Sei es Hagel im Sommer, zu wenig Schnee im Winter oder ungewöhnliche Temperaturen – gegen all diese Möglichkeiten können Sie sich versichern lassen.

9.5 Gewinnspielversicherung

Insbesondere bei verbraucherorientierten Events finden häufig Gewinnspiele statt. Sei es der zu gewinnende PKW beim Torwandschießen, der Rabatt von Elektronikgeräten abhängig vom Erfolg einer Fußballmannschaft oder der Geldpreis beim Hole-in-One eines Golfturniers. Nahezu alle Arten von Gewinnspielen lassen sich zu einem Bruchteil der Gewinnsumme versichern, und minimieren so das finanzielle Risiko.

Optionale Versicherungen sollten je nach Bedarf in Anspruch genommen werden. Wie die bereits erwähnte Auslandszusatzversicherung kann auch eine Unfallversicherung für die Teilnehmer Ihres Events abgeschlossen werden.

Die Beitragssätze sowie die Leistungen variieren von Versicherung zu Versicherung; ebenso spielen Faktoren wie Größe, Umfang, Dauer oder Teilnehmerzahl des Events eine Rolle. Holen Sie sich am besten mehrere Angebote von unterschiedlichen Versicherungen ein oder greifen Sie auf die Unterstützung eines fachkundigen Beraters zurück, damit es nicht zu Überschneidungen im Leistungsangebot oder unnötigen Versicherungsabschlüssen kommt.

10 Gründung einer Agentur

Bevor Sie Ihre eigene Eventagentur gründen, müssen Sie einige Punkte beachten, die wir in diesem Kapitel näher betrachten werden.

10.1 Förderprogramme

Es gibt zahlreiche Programme zur Förderung des Mittelstandes, die von Sparkassen und Banken beziehungsweise den Ländern vermittelt werden. Recherchen im Vorfeld sind zu empfehlen, da diese Förderungen vor (!) Gründung eines Gewerbes beantragt werden müssen. Links dazu finden Sie am Ende des Buchs.

10.2 Startkapital

Ein für Sie geeignetes Startkapital pauschal zu bestimmen, ist nicht möglich. Die Rechtsform Ihrer Agentur, deren Größe oder Aufgabengebiet sind alles Faktoren, die die Höhe des Startkapitals beeinflussen. Stellen Sie sich vorab einen Kostenplan auf, in dem Sie aufführen, was Sie benötigen, welche Kosten dafür einmalig anfallen und welche Sie monatlich belasten werden.
Fragen Sie sich bei allen Investitionen, wie die Finanzierung gestaltet werden soll (vielleicht reicht es aus, Sachen zu mieten oder zu leasen) und wann diese Sachen angeschafft werden sollen (müssen diese Dinge kurzfristig angeschafft werden, oder reicht eine mittel- oder gar langfristig orientierte Anschaffung?). Ebenso können Anschaffungen wie beispielsweise die einer Musikanlage unnötig sein, da mit Ihnen kooperierende Dienstleister (in diesem Beispiel der PA-Verleih) unter Umständen solche für Sie unnötigen Anschaffungen bereitstellen und pflegen.

Ein solcher Plan sollte im Detail ausgearbeitet werden, damit Sie später nicht von Kosten überrascht werden, die die Existenz Ihrer Agentur gefährden können.

Haben Sie einen solchen Plan erstellt, erhalten Sie eine grobe Vorstellung, welche Kosten in welchem Zeitrahmen und in welcher Höhe auf Sie zukommen werden.

Die folgende Tabelle soll Ihnen als Hilfestellung dienen.

Übersicht Startkapital

Investitionszeitraum	Kurzfristig			Mittelfristig			Langfristig		
Investitionsart	Miete	Kauf	Leasing	Miete	Kauf	Leasing	Miete	Kauf	Leasing
Räumlichkeiten									
Miete									
Kaution									
Renovierung									
Reinigung									
Kommunikation									
Laptop/PC									
Drucker									
Telefonanlage									
Telefon									
Handy									
Fax									
Internet									
Verwaltung									
Beantragung Gewerbeschein									
Eintragung Handelsregister									
Versicherung									

10.3 Rechtsform der Agentur

Mit der Gründung Ihrer Agentur stellt sich die nicht einfache Frage der Wahl der Rechtsform. Gewissermaßen haben alle Rechtsformen ihre Vor- und Nachteile, jedoch bietet sich je nach finanziellen und personellen Einstiegsmöglichkeiten in die Eventbranche nur eine beschränkte Auswahl an. Der folgende Überblick soll Ihnen die Wahl erleichtern:

Übersicht Rechtsformen

	Einzelunternehmung (GbR)	OHG	KG
Gründung	1 Person, formlos	Mind. 2 Personen, formloser Vertrag	Mind. 2 Personen, aber 1 Vollhafter, 1 Teilhafter, formloser Vertrag
Haftung	Unbeschränkt, unmittelbar	Unbeschränkt, unmittelbar (direk), solidarisch	Komplementär, unbeschränkt, unmittelbar, solidarisch, Kommanditist: nur mit Einlage
Geschäftsführung	Liegt alleine beim Inhaber	Liegt bei allen Gesellschaftern	Alle Komplementäre
Vertretung	Liegt alleine beim Inhaber	Liegt bei allen Gesellschaftern	Alle Komplementäre
Gewinn	Einzelunternehmer erhält gesamten Gewinn	4 % Verzinsung der Einlage, Rest nach Köpfen	4 % Verzinsung der Einlage, Rest in angemessenem Verhältnis
Firma	Kern + e.K.	Kern + OHG	Kern + KG
Handelsregister	Deklaratorisch Abt. A	Deklaratorisch Abt. A	Deklaratorisch Abt. A
Mindestkapital	kein Kapital	kein Kapital	kein Kapital

	GmbH	AG
Gründung	Mind. 1 Person, vom Notar beglaubigte Satzung	Mind. 1 Person, notarielle Beurkundung und Satzung
Haftung	Auf das Gesellschaftsvermögen beschränkt (mind. 25.000 EUR)	Vorstand, Kontrolle durch Aufsichtsrat
Geschäftsführung	Geschäftsführer wird von den Gesellschaftern bestimmt (Vertrag)	Vorstand, Kontrolle durch Aufsichtsrat
Vertretung	Geschäftsführer	Vorstand
Gewinn	Wird von der GmbH getragen, d. h. Aufzehrung von Rücklagen und keine Gewinnausschüttung	Nichtausschüttung von Dividenden
Firma	Kern + GmbH	Firmenkern + AG
Handelsregister	Konstitutiv Abt. B	Konstitutiv Abt. B
Mindestkapital	25.000 EUR	50.000 EUR

10.4 Steuern

Je nach Wahl Ihrer Rechtsform fallen auch entsprechende Steuern an. Im Folgenden listen wir Steuerarten auf und klären, für welche Rechtsform diese wann relevant sind:

Steuerarten

Umsatzsteuer	Jeder Unternehmer	Zum 10. des Folgemonats nach einem Vorauszahlungszeitraum (Monat oder Quartal)
Vorsteuer	Jeder umsatzsteuerpflichtige Unternehmer	Gleichzeitig mit der Umsatzsteuer
Einkommenssteuer	Natürliche Personen (GbR, e.K., OHG, KG und weitere)	Quartalsweise Vorauszahlung; Steuererklärung am Ende des Kalenderjahres
Körperschaftsteuer	Juristische Personen (GmbH, AG und weitere)	Quartalsweise Vorauszahlung; Steuererklärung am Ende des Kalenderjahres
Gewerbesteuer	Jeder Gewerbetreibende	Quartalsweise Vorauszahlung; Steuererklärung am Ende des Kalenderjahres
Kirchensteuer	Angehörige der evangelischen oder katholischen Kirche	Quartalsweise Vorauszahlung; Steuererklärung am Ende des Kalenderjahres
Lohnsteuer	Arbeitgeber	Abhängig vom Lohnzahlungszeitraum

10.5 Internetpräsenz

Ihre Homepage können Sie als Teil Ihres persönlichen Marketings betrachten. Eine aussagekräftige und seriöse Homepage sollte nicht nur informativ, sondern auch zweckmäßig sein. Zum einen können bereits vorhandene Kunden schnell auf Ihre wichtigsten Kontaktdaten zurückgreifen, zum anderen präsentieren Sie sich auf diese Art neuer Kundschaft. Achten Sie darauf, dass die Homepage schlicht in Farb- und Schriftstil ist. Verschachteln Sie nicht zu sehr die Seiten, sodass man nicht erst über Umwege zum Ziel gelangt. Hier gilt ganz klar das Prinzip: Je weniger Klicks der Besucher benötigt, um eine Information zu erhalten, desto besser. Verzichten Sie auf Spielereien wie Intros oder aufwendig animierte Seiten, wenn es nichts über Ihr Leistungsangebot preisgibt.

Vielmehr sollte die Homepage eine größere Visitenkarte Ihrer Agentur sein. Fragen Sie sich, was ein potenzieller Kunde innerhalb von kürzester Zeit erfahren sollte, und veranschaulichen Sie es dann klar strukturiert. Zur Inspiration können Sie sich einfach mal auf Seiten konkurrierender Unternehmen umschauen und sich notieren, was Ihnen besonders gefallen hat und was nicht. Lassen Sie sich bei der Umsetzung von einem Profi helfen – es ist eine Investition, die sich rentieren wird.

10.6 Organisation

Da es sich bei jedem Event um ein individuelles Projekt handelt, sollten Sie es auch so behandeln. Natürlich spielt der Computer eine zentrale Rolle, da sehr viel über E-Mail korrespondiert wird. Termine bestätigen, neue Absprachen treffen oder Pläne weiterleiten, all das geht kostengünstig und schnell über das Internet. Oft bedarf es aber auch des konventionellen schriftlichen Verkehrs, insbesondere bei Verträgen. Auch Faxe, Broschüren, Informationsblätter,

Baupläne, Muster (von Werbemitteln oder Einlassmaterial), CDs oder DVDs sammeln sich im Laufe einer Eventplanung an, die alle ordentlich archiviert werden sollten.

10.6.1 Anlage von Aktenordnern

Um Aktenordner kommen Sie nicht herum – sollten Sie auch nicht, denn wie oben bereits erwähnt werden alle Informationen rund ums Event dort abgelegt. Dies erfordert eine gut strukturierte Sortierung, die folgende Unterteilungen enthalten kann:

1. Deckblatt mit Kontaktdaten der Verantwortlichen (siehe Anhang 23.1)
2. Informationen über den Kunden
3. Berichte vom Briefing oder Informationen vom Pitch
4. Vertrag mit Kunden
5. Konzept
6. zeitlicher Ablaufplan (siehe Kapitel 14.3 „Ablaufpläne“)
7. Programmablaufplan (siehe Kapitel 14.3 „Ablaufpläne“)
8. Finanzen
    1. Eingangsrechnungen
    2. Ausgangsrechnungen
    3. Quittungen
    4. Kalkulation
9. Venue
    1. Vertrag
    2. Raumplan
    3. Bestuhlungsplan
    4. Technik
    5. Bühnenplan
    6. Anfahrtsbeschreibung
10. Werbung
11. Personal
12. Catering
13. Hotel

14. Transportservice
15. GEMA
16. Künstlersozialkasse
17. Genehmigungen

10.6.2 Ordnung im Computer

Wie bereits erwähnt, ist der Computer wichtiger Bestandteil der Eventplanung. Aus diesem Grund ist es ratsam, auch auf Ihrer Festplatte Ordnung zu halten. Legen Sie für jedes Event einen eigenen Ordner an, der Unterordner ähnlich den Gliederungspunkten im klassischen Aktenordner enthält. Auch Ihr E-Mail Verwaltungsprogramm wie „Microsoft Outlook" oder das kostenfrei downloadbare „Mozilla Thunderbird" (siehe auch Links) sollte so gegliedert werden, um jede zu einem Projekt gehörige E-Mail korrekt zuordnen zu können.

Denken Sie auch daran, regelmäßig alle Daten auf externen Datenträgern wie Festplatten oder CDs/DVDs zu sichern!

10.6.3 Erstellung von Datenbanken

Sie sollten sorgfältigst eine Datenbank erstellen und diese ständig pflegen. In Ihrer Datenbank werden nicht nur Daten potenzieller Kunden aufgenommen, sondern – gegebenenfalls in separaten Datenbanken – ebenso die von zukünftigen Dienstleistern wie

- Caterern,
- PA- und Lichtverleihern,
- Security-Agenturen,
- Bookingagenturen,
- Druckereien,
- TV- und Radioanstalten,
- Printmedien,
- Locations,
- Hotels und
- Aushilfen.

Folgende Punkte können enthalten sein:

- Firma
- Anschrift der Firma
- Telefonnummer der Firma
- Homepage der Firma
- Ansprechpartner
- Funktion des Ansprechpartners
- Durchwahl des Ansprechpartners
- Handynummer des Ansprechpartners
- E-Mail des Ansprechpartners

Nach Erstellung dieser umfangreichen Datenbanken werden Sie schnell deren Vorzüge zu schätzen wissen, denn ein schneller Zugriff auf relevante Daten ist notwendig. Ebenso können Sie in solchen Datenbanken vermerken, welchen Kunden Sie bereits zur Akquirierung eines Auftrags kontaktiert haben, auf wessen Rückruf Sie warten oder Vermerke machen, wenn es zu Problemen kam.

TEIL II
Von der Akquise bis zur Fehleranalyse

Kundenakquise→Briefing/Re-Briefing→Konzept→Planung→Durchführung→Nachbereitung

In diesem Teil gehen wir auf die praktische Seite des Eventgeschehens ein. Es wird der ganze Ablauf Schritt für Schritt erarbeitet, von der Beschaffung eines Auftrags über die Erstellung eines Konzepts bishin zu dessen Präsentation. Dem chronologisch folgend widmen wir uns der Durchführung, die zur Veranschaulichung mit praktischen Beispielen gespickt ist. Abschließend beleuchten wir in diesem Teil mögliche Fehlerquellen und typische Risiken, die wir natürlich bereits im Vorfeld auszumerzen versuchen.

11 Kundenakquise

Kundenakquise→Briefing/Re-Briefing→Konzept→Planung→Durchführung→Nachbereitung

Kunden zu akquirieren, wird anfänglich Ihre Haupttätigkeit sein. Es bedarf langer und ausgiebiger Arbeit, zunächst in persönlichen Kontakt mit den richtigen Ansprechpartnern zu treten, deren Vertrauen zu gewinnen und letztendlich einen Auftrag zu erhalten. Viele Unternehmen arbeiten womöglich seit langer Zeit mit festen Partnern zusammen und sehen daher keine Notwendigkeit zu einem Wechsel.

Wie Sie potenzielle Kunden akquirieren, sollten Sie sich bereits bei der Erstellung Ihrer Datenbank überlegen. Seriosität und Professionalität spielen eine entscheidende Rolle. Dabei sollten Sie an die zuvor besprochene Homepage Ihrer Agentur denken. Viele solcher potenziellen Auftraggeber möchten sich nun einmal schnell ein Bild von Ihnen machen, was häufig über eine aussagekräftige Homepage geschieht.

11.1 Arten der Kundenakquise

Es gibt verschiedene Möglichkeiten, um in Kontakt mit potenziellen Auftraggebern zu treten. Falls Sie noch nicht über Kontakte verfügen, so sollen Ihnen die folgenden Möglichkeiten Anregungen geben.

11.1.1 Werbebrief

Die vielleicht seriöseste Art ist es, einen Werbebrief aufzusetzen, in dem Sie Ihre Agentur skizzieren, Ihren Aufgabenbereich erläutern und aufzeigen, wie man Sie erreichen kann. Vergessen Sie nicht, auf Ihre Homepage, E-Mail, Telefonnummer und Postanschrift hinzuweisen. Je leichter es ist, Sie zu kontaktieren, desto schneller werden Sie Erfolg haben.

Adressieren Sie die Briefe so genau wie möglich, indem Sie sie direkt an entsprechende Ansprechpartner senden. Ein bereits optisch auffälliges Schreiben mag auf Kreativität schließen lassen. Auch eventuelle Referenzen können im Schreiben Platz finden.

Sollten Sie innerhalb eines von Ihnen gesetzten Zeitraums von beispielsweise zwei Wochen keine Antwort von den angeschriebenen Unternehmen erhalten, so können Sie telefonisch nachhaken, um gegebenenfalls nochmals Ihr Unternehmen vorzustellen.

11.1.2 Telefon/persönliches Vorsprechen

Von einer solchen Art der Akquise sollten Sie zunächst Abstand halten, denn es erweckt keinen professionellen Eindruck mit der Tür ins Haus zu fallen. Ausnahmen bilden hierbei natürlich Unternehmen, in denen Sie bereits Ansprechpartner kennen oder denen Sie einen Werbebrief geschickt haben und nun um Antwort bitten.

11.1.3 E-Mail

Von einem Erstkontakt via E-Mail dürfen Sie nicht viel erwarten. Im Zeitalter von Spam werden Ihre Mails entweder herausgefiltert und erst gar nicht den Empfänger erreichen, oder der Empfänger überfliegt diese nur kurz und löscht sie dann als Werbung. Falls jedoch schon Kontakt bestehen sollte, sind E-Mails natürlich der kostengünstigste und einfachste Weg zu kommunizieren.

11.1.4 Ausschreibung/Pitch

Eventagenturen werden hauptsächlich projektweise zur Konzeption, Durchführung und Nachbereitung von Events beauftragt. Dafür schreiben Unternehmen jedes Event neu aus, worauf sich Eventagenturen bei einem sogenannten Pitch bewerben können. Da dies ein aufwendiges Verfahren darstellt, das nur geringe Lerneffekte für die beiderseitige Zusammenarbeit bietet, zeichnet sich die Tendenz zur mehrjährigen Zusammenarbeit ab.

Ein Pitch bietet dennoch gute Möglichkeiten in Kontakt mit Auftraggebern zu treten. Dabei erstellen Sie ein Konzept, das Sie zu einem festgesetzten Stichtag beim Auftraggeber vorstellen müssen. Dieser wird sich dann für einen der Bewerber entscheiden.

Wie auch immer diese Entscheidung ausfallen wird, Sie müssen viel Arbeit in die Erstellung eines solchen Konzepts stecken (dazu mehr im Kapitel 13 „Konzept“). Zumeist wird diese Arbeit – falls Sie nicht den Zuschlag erhalten sollten – finanziell entschädigt. Eine solche Entschädigung hängt vom notwendigen Aufwand und der Größe des Events ab. Daher fällt es schwer, eine Pauschale zu nennen. Das FME hat jedoch dazu eine Befragung unter seinen Mitgliedern durchgeführt, deren Ergebnisse als Richtwerte gelten können :

• Ideenpräsentation
Ideenpapier mit Kostenrahmen und Präsentation ohne Übertragung der Nutzungsrechte von 4.870 bis 7.030 EUR

• Konzeptpräsentation
Konzept mit Visualisierung, verbindliche Kalkulation und Präsentation ohne Übertragung der Nutzungsrechte
von 7.570 bis 10.820 EUR
• Big Event
Höchstsätze können im Einzelfall überschritten werden, da Konzeptionen für Großveranstaltungen enorm aufwendig sind von 10.820 bis 21.600 EUR

12 Briefing/Re-Briefing

Kundenakquise→ Briefing/Re-Briefing →Konzept→Planung→Durchführung→Nachbereitung

Bevor Sie anfangen, ein Konzept zu schreiben, brauchen Sie Informationen zum Event. Diesbezüglich sollten Sie sich mit ihrem Kunden zumindest einmal persönlich getroffen haben, um die Idee des Events aufgreifen zu können. Befinden Sie sich in einem Pitch, so werden Ihnen aller Voraussicht nach alle benötigten Informationen in Schriftform vorgelegt. Sollten sich dennoch Fragen auftun, so zögern Sie nicht diese klären zu lassen.

Fragen, die vor Konzepterstellung geklärt werden sollten, finden Sie im Kapitel 13.4 „Inhalt und Aufbau eines Konzepts".

Beim nachfolgenden Re-Briefing, was ebenso gut über E-Mail oder Telefon abgehalten werden kann, werden Fehler und Ungereimtheiten geklärt sowie weitere Änderungen bekannt gegeben. Wie essenziell das Briefing ist, werden Sie spätestens bei der Erstellung des Konzepts feststellen, denn ohne explizit vorgegebene Fakten werden Sie bei dessen Erstellung nicht weit kommen.

13 Konzept

Kundenakquise→Briefing/Re-Briefing→Konzept →Planung→Durchführung→Nachbereitung

Wenn Sie ihre Ideen einem Kunden darlegen möchten, so bedarf es deren Konzipierung. Möchten Sie sich zunächst über ein Pitch für die Zusage eines Unternehmens bewerben oder haben Sie diese bereits erhalten – das Konzept gehört immer dazu und wird auch immer wieder im Laufe der Konzeptionsumsetzung benötigt. Zu Beginn sollten Sie sich ausführlich mit ihrem (potenziellen) Auftraggeber briefen, das heißt zumindest einmal persönlich zusammensetzen und die wichtigsten Daten des Events sowie seine Ideen aufnehmen. Sollten noch Fragen aufkommen, so können Sie diese zu einem späteren Zeitpunkt auch über Telefon oder E-Mail kurz klären.

Bedenken Sie ebenso, dass ein ausführliches Konzept zum einen dem Kunden mehr Sicherheit, Klarheit und Zufriedenheit im Vorfeld gibt, zum anderen Ihnen viel Arbeit im weiteren Ablauf erspart, zum Beispiel bei der Erstellung eines Struktur- oder Programmplans.

13.1 Zeitbedarf für ein Konzept

Je nach Größe des Events schwanken Dauer und Kosten, um den gesamten Planungsablauf in die Form eines Konzepts zu bringen. MachenSie dies zum ersten Mal, so rechnen Sie besser einen größeren zeitlichen Puffer ein. Sechs bis acht Wochen sollten jedoch in der Regel ausreichen. Haben Sie bereits Erfahrungen gesammelt und viele Kontakte geknüpft, so planen sie gut vier bis sechs Wochen ein. Vielleicht mögen diese Zeiträume groß klingen, Sie werden jedoch feststellen, dass viel Zeit bei Recherchen, Absprachen, Koordinierungen, Angebots- und sonstigen Anfragen vergeht. Insbesondere das anfängliche Briefing des Kunden ist zu Recht sehr zeitaufwändig.

Nehmen Sie sich die Zeit für ein ordentliches Konzept. Sollte Ihnen weniger Zeit gewährt werden, so kann die Qualität in Form von Fehlern oder Missverständnissen leicht darunter leiden. In solchen Fällen ist es dann besser, den Auftrag abzulehnen.

13.2 Kosten eines Konzepts

Die Kosten eines Konzepts sind nicht einfach zu ermitteln. Natürlich sollten Sie Ihre eigenen Arbeitsstunden sowie die von Mitarbeitern festhalten, um einen groben Überblick zu erhalten. Wie Sie später sehen werden, besteht jedoch ein Konzept nicht nur aus der Zusammensetzung und Koordinierung von Arbeitsprozessen. Sie werden im gleichen Maße kreativ tätig, Sie produzieren geistiges Eigentum, das in gewisser Weise honoriert wird – ob es genutzt oder vom Kunden abgelehnt wird, das spielt keine Rolle.

Wie schon in Kapitel 11.1.4 „Ausschreibung/Pitch" aufgelistet, hat das FME Richtwerte zur Entschädigung bei Erstellung eines Konzepts veröffentlicht, an denen Sie sich orientieren können. Wie Sie aus der Liste ersehen, werden Nutzungsrechte in diesen Preisspannen nicht mit übertragen. Sollte dies ausdrücklich erwünscht sein, so muss darüber verhandelt werden, wie viel Mehrwert diese Nutzung für beide Parteien, also für Sie und Ihren Kunden hat.

13.3 Form, Umfang und Wahl der Medien

Je nachdem, was vom Kunden gewünscht wird, sollten Sie sich für den Einsatz verschiedener Medien entscheiden. Das Konzept an sich, das Sie dem Kunden überlassen, sollte in schriftlicher Form vorgelegt werden und eventuell gebunden sein. Hierbei gilt: Der erste Eindruck zählt. Ein sauber angefertigtes Exemplar mit optisch ansprechendem Deckblatt enthält die wichtigsten Informationen wie das aktuelle Datum, Ihren Namen und Kontaktdetails, den Namen des Kunden sowie den Projektnamen und das Datum des Events.

Vielleicht wurde ihnen schon ein Logo oder weitere Grafiken zur Verfügung gestellt, die eines Platzes auf dem Deckblatt bedürfen.

Pauschal kann man den Umfang eines Konzeptes nicht beziffern, dafür ist jedes Event in Größe und Art zu individuell. Schnell kann es jedoch den eines ganzen Buchs annehmen.

Als weiteres Medium und zur eigentlichen Präsentation des Konzepts wird gerne „Microsoft PowerPoint" genommen oder das plattformunabhängige pdf-Format des „Adobe Readers". Der Vorteil: Sie können Ihr Konzept einer größeren Gruppe zukommen lassen. Nachteil: Eine PowerPoint-Präsentation kann schnell langweilen. Achten Sie darauf, nur die wichtigsten Punkte niederzuschreiben und alles weitere mündlich vorzutragen. Dazu aber mehr in Teil 13.5 „Präsentation eines Konzepts".

Ebenso sollten Sie bei mehreren Zuhörern beziehungsweise Zuschauern ein Handout anfertigen, dass einen Überblick über das Konzept auf sehr wenigen Seiten gibt.

13.4 Inhalt und Aufbau eines Konzepts

Vom vorangehenden Briefing (siehe Kapitel 12 „Briefing/Re-Briefing") mit Ihrem Kunden sollten Sie so viele Informationen wie möglich aufnehmen.

Um das Konzept inhaltlich sinnvoll und gut strukturiert zu füllen, rufen Sie sich wieder die anfangs gestellte Frage „Was möchte mein Kunde bei wem mit diesem Event erreichen?" ins Gedächtnis. Allerdings wird diese Frage noch um einige Punkte erweitert, damit wir folgende Themenpunkte für ein ordentliches Konzept erhalten:

• *Kunde: Wer ist Ihr Kunde?*
Diese Frage sollten Sie ständig im Hinterkopf behalten, da es unge-

heuer wichtig ist, auf die Bedürfnisse und Ideen des Kunden einzugehen sowie das Event in Einklang mit dessen Philosophie und Image zu bringen (siehe auch Kapitel 4 „Marketing“).

• *Zielgruppe: Wer ist die Zielgruppe?*
Die genaue Analyse der Zielgruppe ist von großer Bedeutung, denn wenn Sie diese richtig anzusprechen wissen, wird sich eine allgemeine Zufriedenheit auf den Kunden übertragen.

Zu klärende Fragen bezüglich der Zielgruppe:
- Größe
- Geschlecht (evtl. ungefähre relative Verteilung männlich/weiblich)
- Funktion und Art der Zielgruppe (z. B. Arbeiter, Angestellte, Ationäre, Konsumenten etc.)
- Welchen kulturellen bzw. ethnischen Hintergrund hat die Zielgruppe (sind z. B. viele Vegetarier/Veganer darunter)?
- Bildungsniveau
- Wird von allen die gleiche Sprache gesprochen?
- Was motiviert die Zielgruppe, zum Event zu kommen? Was wollen und sollen sie mitnehmen vom Event (siehe auch Kapitel 2 „Arten von Events“)?

• *Ziele: Aus welchem Grund findet das Event statt? Ziele des Events?*
Es ist wichtig, die Ziele klar darzustellen und auf diese hinzuarbeiten. Selbstverständlich werden diese von Ihrem Kunden genannt. Manchmal ist es aber auch sinnvoll, den Kunden bei der Wahl des Ziels zu beraten. Das kann im Zweifelsfall auch bedeuten, ihm ungenaue und unangebrachte Vorstellungen auszureden.

Das Event soll natürlich in erster Linie Ihrem Kunden helfen. Damit das geschieht, müssen die Teilnehmer des Events, die Zielgruppe, zufrieden gestellt werden. Je nach Art des Events variieren die Ziele verständlicherweise.

Gehen wir davon aus, es handle sich um ein Kick-off-Event (siehe Kapitel 2.4.1 „Kick-off-Event"), so möchte Ihr Kunde generell ein auf das neu eingeführte Produkt positiv wirkendes Image vermitteln, das eventuell seine positiven Auswirkungen auf das gesamte Unternehmen weitergeben soll. Von diesem positiven Image verspricht er sich nun einen größeren Absatz oder Marktanteil, der den Unternehmensgewinn erhöht. Ein solch positives Bild, das den zukünftigen Käufer des Produkts durch das Event nachhaltig eingeprägt werden soll, gilt es zu vermitteln. Funktioniert das, so sind alle Seiten zufrieden.

Weitere Ziele wurden bereits im Kapitel 4.3 „Ziele des Marketing" vorgestellt und decken größtenteils mögliche Ziele des Kunden ab.

• *Zeitpunkt/Dauer: Wann und wie lange findet das Event statt?*
Bei der Wahl des Wochentags oder eines bestimmten Monats hat Ihr Kunde eventuell schon eine Vorstellung. Beraten Sie ihn diesbezüglich, denn vielleicht spielt die Jahreszeit eine Rolle. Oder Schulferien und ein Feiertag könnten nützlich oder hinderlich sein. Ob das Event nur eine Stunde gehen soll oder mehrere Tage, das bleibt ganz und gar dem Kunden überlassen, aber wenn damit der Charakter des Events nicht mehr stimmt, lassen Sie es ihn ruhig wissen. Abgesehen von Zeitpunkt und -raum spielt ebenso die Tageszeit eine Rolle, die in der weiteren Planung des Events nie vergessen werden sollte.

• *Venue: Wo findet das Event statt?*
Wahrscheinlich hat Ihr Kunde auf die Frage nach dem Wo schon einen Vorschlag abgegeben. Generell gilt: Kein Ort sollte ausgegrenzt werden, sofern er zum Image des ganzen Events passt. Ob hier oder am anderen Ende der Welt, das spielt manchmal keine Rolle – ausgenommen für das Budget.

Der Veranstaltungsort, auch Venue oder Location genannt, sollte auf die vorangegangenen Punkte wie Zielgruppe, Ziele und zeitliche Aspekte gut abgestimmt sein. Denken Sie auch hier an den ersten Eindruck! Stellen Sie sich vor, Sie werden mit einer Limousine die ganze Auffahrt zu einem Schloss entlang chauffiert. Stück für Stück erhebt sich das im Dunkeln pompös angeleuchtete Schloss vor Ihren Augen.

Auf der anderen Seite stellen Sie sich vor, Ihre Zielgruppe (in diesem Beispiel bestehend aus Mitarbeitern und Partnern) muss wie allwerktäglich zum Unternehmenssitz fahren, dort wie üblich den Wagen abstellen und zum Venue laufen. Das Event, das bereits mit dem Weg dorthin beginnt, fängt nur mäßig an. Die Mitarbeiter dann noch im Laufe des Events visuell zu überraschen, dürfte schwerfallen. Frei von persönlichen Vorlieben – ob Schloss oder Unternehmenssitz – kann man objektiv feststellen, dass hier unterschiedliche Gefühle bereits zu Beginn geweckt werden.

Seien Sie sich also der Bedeutung des richtigen Venues bewusst.

Folgende Faktoren können eine wichtige Rolle bei der Wahl spielen:

- Lage
- Erreichbarkeit und Zugang
- Preis
- Größe
- Art
- Umfeld (Garten, Balkon, Terrasse, Parkplatz)
- Ausstattung

Weitere technische Anforderungen und Ansprüche an das Venue finden Sie im später folgenden Kapitel 14.6 „Veranstaltungsort/ Venue“ sowie im Anhang 23.3 „Venue-Checkliste“.

• *Budgetierung/Kalkulation*
Wie viel das ganze Event kosten darf, wird Ihnen Ihr Kunde sagen. Entweder teilt er Ihnen ein festes Budget zu oder nennt eine Größenordnung, in der das Event liegen soll. Ihre Herausforderung wird es natürlich sein, im Rahmen dieses vorgegebenen Budgets zu bleiben und ein erstklassiges Event zu liefern. Mit dieser knappen Ressource bewusst umzugehen, eine ordentliche Kalkulation für den Kunden abzugeben, sowie diesen bezüglich der Finanzierung auf dem Laufenden zu halten, gehört mit in Ihr Aufgabengebiet.

Natürlich können Sie ein Event nicht bis auf den letzten Cent genau kalkulieren. Daher sollten Sie Reserven schaffen und Ihren Kunden nach einem möglichen Spielraum nach oben fragen (der dann hoffentlich nicht benötigt wird). Denn es kann schnell passieren, dass gerade bei der Durchführung des Events Kosten anfallen, mit denen Sie nicht gerechnet haben.

• *Ideenentwicklung und -umsetzung*
Natürlich sollten Sie im jetzigen Stadium eine genauere Vorstellung des Events bekommen. Sind erst einmal die vorherigen Punkte geklärt, so sind bereits erste wichtige Schritte getan, die zur Entwicklung Ihrer Idee beitragen und Umstände geklärt haben. Nun ist es an der Zeit, diese Vorstellung mit kreativen Ideen zu füllen. Dazu gibt es verschiedene Möglichkeiten, wie bereits in Kapitel 5 „Kreativitätstechniken“ angesprochen. Ihr Kunde hat möglicherweise auch schon eine Vorstellung im Kopf, die Ihrer nicht widersprechen sollte. Setzen Sie dennoch Ihre Meinung durch, wenn es Ihrer Ansicht nach sonst nicht ins Konzept passt.

Die Idee sollte kurz und knapp dargestellt werden können. Sie wird sich wie ein roter Faden durch das gesamte Event ziehen und sich in Motto, Logo, Venue, Mitarbeitern und Dekoration widerspiegeln. Die Zielgruppe muss das Event als einzigartig wiedererkennen. Stellen Sie sich vor, Sie nehmen einen Teilnehmer aus dem Event heraus und setzten ihn spätere Zeit wieder hinzu. Er sollte durch den Charakter des Events feststellen: „Hier bin ich wieder." Die Einzigartigkeit macht den Erfolg aus. So wie Sie den Inhalt eines Romans kurz skizzieren können, um bei Ihrem Gegenüber Aufmerksamkeit und Interesse zu wecken, ohne jedoch dessen Lust am Lesen genau dieses Romans zu nehmen, so sollten Sie die Teilnehmer eines Events immer aktiv teilnehmen lassen, sie mit den nötigsten Informationen füttern und ihre Neugierde auf das Kommende wecken, ohne Überraschungen vorzugreifen.

Haben Sie die Idee erst einmal skizziert, so können Sie aus ihr ein Motto oder einen knackigen Slogan, vielleicht auch ein Logo für das Event ableiten.

• *Ablaufplanung*
Auch eine grobe Planung des Ablaufs sollte im Konzept enthalten sein, damit Ihr Kunde einen Überblick erhält, wie Sie die verschiedenen Ideen untereinander chronologisch vernetzen möchten. Professionelle Software wie z. B. „Microsoft MS Project" unterstützt Sie bei der Erstellung solcher Zeitablaufspläne, weist Sie auf zeitliche Unstimmigkeiten hin und hält Sie auf dem Laufenden, wenn neue Prozesse wie eingetragen anlaufen sollen. Der Einsatz einer solchen Software wird Ihnen insbesondere bei der Realisierung von Events mit komplexen Terminierungen sehr behilflich sein. Wie ein solcher Plan aussehen kann, besprechen wir in Kapitel 14.3 „Ablaufpläne".

• *Fazit/Abschluss*
Zum Abschluss des Konzepts ist es ratsam, das geplante Event als passendes Glied in die Kommunikationskette Ihres Kunden einzureihen. Das soll heißen, Sie veranschaulichen, wie das Event in Übereinstimmung mit den drei Instrumenten der gesamten Corporate Identity steht:

- Corporate Design – die visuelle Gestaltung in Form von Farben, Schrift und Design passt.
- Corporate Communications – der Slogan und damit das verfolgte Kommunikationsziel des Unternehmens ist im Einklang mit dem Event.
- Corporate Behavior – das Event verfolgt den Auftritt und die Position des Unternehmens auf dem Markt.

Außerdem sollten Sie Ihrem Kunden noch einmal vor Augen führen, dass mit Ihrem Konzept die verfolgten Ziele des Unternehmens erreicht werden, damit er außer den Kosten vor allem die Vorteile für das Unternehmen sieht und dieses Event als eine Investition anerkennt.

Diese ersten Fragen stellen auch schon den ersten Teil einer für Sie wichtigen Prüfung auf Durchführbarkeit dar. Denn so großartig die Elemente des Events auch klingen mögen, ihre Durchführbarkeit muss gewährleistet werden, damit es nicht zu Verzögerungen und Engpässen im Zeitablauf oder gar den Ausfall des gesamten Events kommt.

Abgesehen von dieser externen Prüfung – ob die Ziele des Kunden erreicht werden und damit dem Event konzeptionell nichts mehr im Wege steht – sollten Sie intern folgende Überlegungen anstellen:

- Besteht intern ausreichend Fachkompetenz? Wenn nicht, kann diese zu einem vertretbaren Preis (im Rahmen des Budgets oder Ihrer Vergütung) hinzugekauft werden?

- Sind ausreichend Ressourcen (Anzahl der Mitarbeiter, die zur Verfügung stehende Zeit, Sachmittel) verfügbar? Wenn nicht, können diese zu einem vertretbaren Preis hinzugekauft werden?

Sind auch diese Fragen geklärt, dann steht der Präsentation Ihres Konzepts nichts mehr im Wege.

13.5 Präsentation eines Konzepts

Bei der Präsentation sollten Sie auf Abwechslung achten. Stellen Sie sich vor, Ihr Kunde oder die Entscheidungsträger seines Unternehmens sitzen den ganzen Tag in Besprechungen und hören eine Präsentation nach der anderen. Da kann schon einmal schnell der einen oder anderen Folie wenig Beachtung geschenkt werden, wie auch schon in Kapitel 13.3 „Form, Umfang und Wahl der Medien" erwähnt. Greifen Sie also auch ruhig mal zur Kreide, falls eine Tafel vorhanden ist. Oder schreiben Sie auf dem Overheadprojektor, Flipchart oder Whiteboard. Bei Nutzung aller vorhandenen Medien erhöhen Sie die Aufmerksamkeit Ihrer Zuhörer und gewähren ihnen zudem, ihren Blick von einem einzigen Fleck im Raum abzuwenden, ohne vom Thema abzuweichen. Ein weiterer Vorteil bei der Nutzung unterschiedlicher Medien für Sie als Präsentator ist die Annehmlichkeit, mehrere Dinge gleichzeitig darstellen zu können beziehungsweise solche mit dem Auditorium zu erarbeiten.

Ein Handout sollte in ausreichender Stückzahl kopiert und erst gegen Ende der Präsentation ausgeteilt werden, um die Aufmerksamkeit der Teilnehmer während der Präsentation ganz für sich zu haben.

Auf technische Probleme vorbereitet zu sein, macht immer einen professionellen Eindruck, falls es einmal zum Ausfall des Beamers oder sonstigen Problemen mit der Hardware kommt. Aus diesem Grund bringen Sie zur Präsentation nicht nur die Präsentation auf ihrem eigenen Laptop sowie auf einer CD oder einem USB-Stick gespeichert, sondern ebenfalls komplett in Printform mit. So dürfte einer gelungenen Präsentation nichts mehr im Wege stehen.

Tipp: Präsentation im weit verbreiteten pdf-Format abspeichern, damit es nicht zu Kompatibilitätsproblemen zwischen unterschiedlichen Softwareversionen kommt.

13.6 Zuschlag/Verbesserungen/Ablehnung

Haben Sie Ihren Kunden auf Anhieb von Ihrem Konzept überzeugt, so erhalten Sie möglicherweise den Zuschlag. Sollte er noch Verbesserungsvorschläge haben oder ein Re-Briefing wünschen, so möchte er Änderungen ins Konzept aufnehmen. Es kann natürlich auch passieren, dass Ihr Konzept abgelehnt wird. Richtwerte für die finanzielle Aufwandsentschädigung für die Erstellung eines Konzepts finden Sie in Kapitel 11.1.4 „Ausschreibung/Pitch“.

Behalten Sie bei allen Aufträgen im Hinterkopf, dass Ihr Auftraggeber eine kompetente und beratende Eventagentur, die eine ordnungsgemäße Umsetzung und Einhaltung des Budgets garantiert, bevorzugen wird.

14 Planung

Kundenakquise→Briefing/Re-Briefing→Konzept→Planung →Durchführung→Nachbereitung

Haben Sie einen Auftrag erhalten, so beginnt nun die umfangreiche Planungsphase.

14.1 Erste Analyse/Zeitmanagement

Um einen genauen Ablaufplan für die kommenden Monate zu erstellen, sollten Sie nochmals das Konzept durchgehen und genauestens analysieren,

- wer Ihr Auftraggeber ist,
- was er erreichen möchte,
- wer Ihre Zielgruppe ist,
- inwieweit das Event zur Erreichung dieser Ziele beiträgt.

Darüber hinaus spielt ein konsequentes Zeitmanagement eine entscheidende Rolle. Für Monate im Voraus müssen Sie sorgfältig Schritt für Schritt Prozesse haargenau planen, deren Einsatz und Dauer kennen und mögliche Zeitpuffer einbauen, falls es dennoch zu Verzögerungen kommen sollte.

Events haben – im Gegensatz zu manch anderem Projekt – meist ein feststehendes Enddatum. Der Tag der Durchführung ist demnach festgelegt und kann nicht (oder nur unter enormen Aufwand) nach hinten datiert werden. Bei anderen Projekten wie beispielsweise dem Bau einer Brücke, steht meist ein Startdatum fest (z. B. der Spatenstich). Die Fertigstellung hingegen wird meist jedoch nur vage angegeben. Bei Events gilt es daher, die gesamte Planung auf den Tag der Durchführung auszurichten. Außerdem ist es wichtig, bereits in dieser Phase zu wissen, welche Ressourcen bei dem Event beteiligt sein werden.

14.2 Planungsmethoden

Planungsmethoden reduzieren ein komplexes Event in überschaubare Arbeitspakete und veranschaulichen graphisch dessen Beginn, Ende und Dauer, die Verbindung zu anderen Prozessen, sowie weitere Informationen. Die drei wichtigsten Methoden sind im Folgenden dargestellt und betrachten ein Event von strategischer Ebene aus.

14.2.1 Projektstrukturplan

Der Projektstrukturplan dient als grobe Vorlage für die Planung des Events. Dabei wird das Event in logische Arbeitspakete hierarchisch unterteilt. Dies geschieht ähnlich der Gliederung eines Buches. Über allem schwebt das Event, das sich in Planungs-, Durchführungs- und Nachbereitungsphase unterteilen lässt. Die Planungsphase wiederum lässt sich in Pakete wie Kalkulation, Veranstaltungsort und Personal untergliedern. Folgende Abbildung stellt einen Projektstrukturplan anhand des Beispiels „Event“ exemplarisch dar:

Projektstrukturplan am Beispiel Event

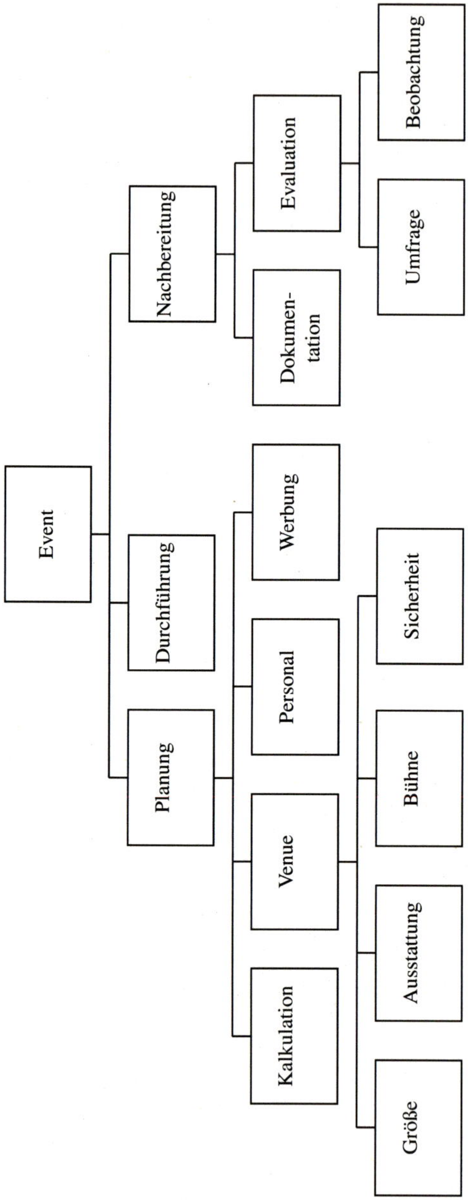

14.2.2 Netzplan

Ein Netzplan eignet sich für komplexe Vorhaben und veranschaulicht sehr detailiert einzelne Vorgänge oder auch Arbeitspakete. In Elementen, die neben Anfang, Ende und Dauer den Vorgang bezeichnen, erhält jeder Vorgang eine eigene Nummer und zeigt durch Linien seine Abhängigkeit von Vorgänger- und Nachfolgeprozessen an.

Es gibt unterschiedliche Darstellungsformen von Netzplänen. Die ausführlichen stellen darüber hinaus noch ein frühestes und spätestes Datum zum Beginn beziehungsweise zur Beendigung des Vorgangs dar. Auch werden häufig benötigte Ressourcen (Mitarbeiter, eingesetzte Arbeitsmittel etc.) notiert oder Pufferzeiten eingetragen.

Beispiel eines einfachen Netzplanelements

Vorgang | Nummer

Beginn | Ende | Dauer

Ressourcen | Puffer

Je nach Komplexität des Events beziehungsweise eigenem Ermessen können so Arbeitspakete erstellt werden. Nun werden die einzelnen Elemente miteinander verknüpft, indem ihre Verbindung zu Vorgängern und Nachfolgern abgebildet wird. So ergibt sich nach und nach ein Netz, das die einzelnen Prozesse analysiert und Abhängigkeiten untereinander chronologisch darstellt.

Exemplarische Darstellung eines Teilnetzplans

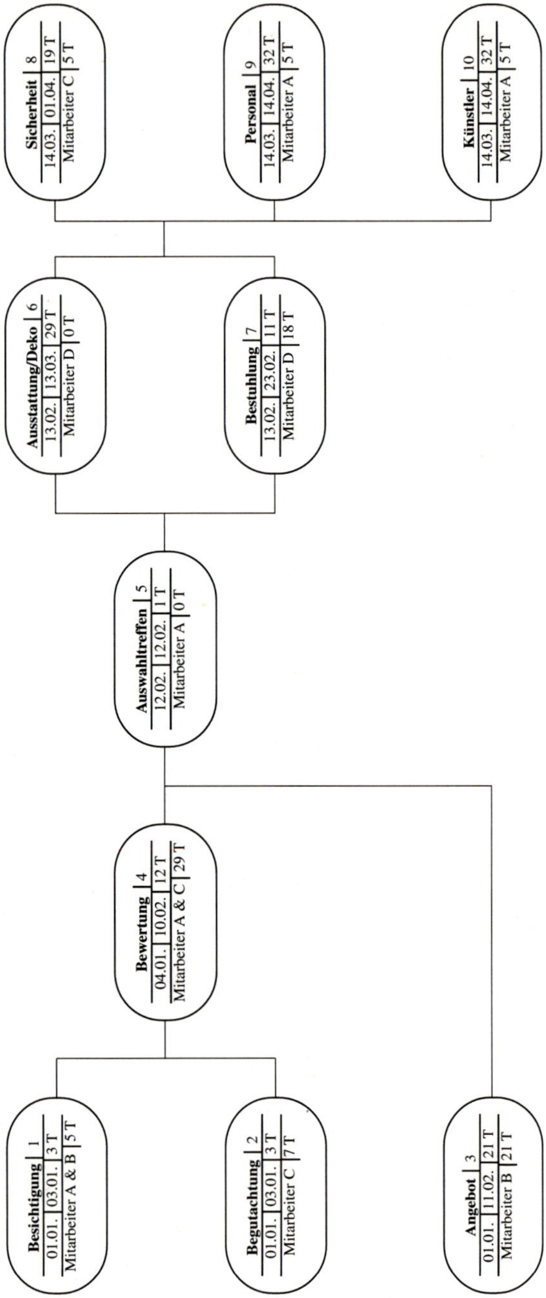

Auf diese Weise können Teilnetzpläne, die nur einen bestimmten Unterprozess darstellen (in diesem Fall am Beispiel „Venue“), zu einem großen Netzplan zusammengefasst werden. Ein zuvor erstellter Projektstrukturplan kann logische Hilfestellung geben.

14.2.3 Balkenplan/Gantt-Diagramm

Die wohl am häufigsten anzutreffende und auch einfachste Form, Prozesse graphisch darzustellen, ist die eines Balkenplans, auch Gantt-Diagramm genannt. Ein Balkenplan bietet sich idealerweise für weniger komplexe Events an und ermöglichen einen hohen Nutzen im Vergleich zum Aufwand.

Balkenpläne können sehr einfach beispielsweise in einer Tabellenkalkulation dargestellt werden. Es gibt aber auch spezielle Kalender oder Magnetwände, die demselben Prinzip folgen. Dabei werden alle Prozesse oder Arbeitspakete des gesamten Events oder eines Arbeitsbereichs untereinander niedergeschrieben. Farbige Querbalken markieren dabei die Dauer des Prozesses.

Darstellung eines Balkendiagramms

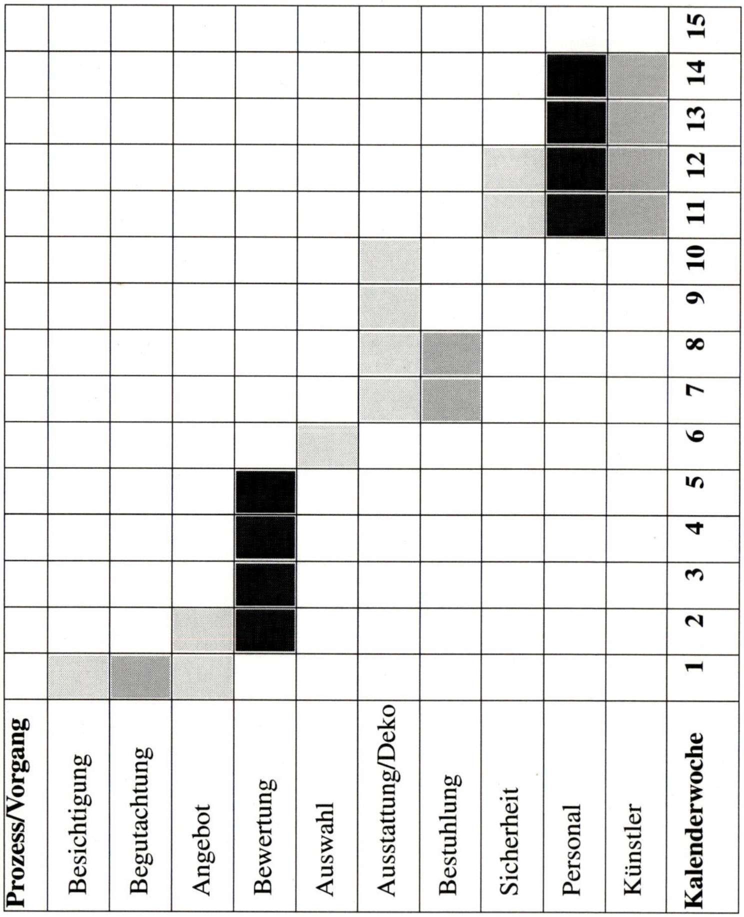

14.3 Ablaufpläne

Die Zeit optimal zu koordinieren und wichtige Stichtage bis zum Eventtag einzuhalten, ist Ihre Aufgabe als Eventmanager. Auf operativer Ebene behilft man sich sogenannter Ablaufpläne. Ein solch chronologischer Ablaufplan ist Checkliste und Terminplan in einem. Erstellen lässt er sich wie bereits erwähnt mit professioneller Software wie „Microsoft MS Project", bei weniger komplexen Abläufen mit „Microsoft Excel" oder der kostenfreien Software „OpenOffice". Es lohnt sich auf alle Fälle, den Plan nach Erstellung auszudrucken, um ständig den Überblick zu wahren. So wissen Sie jederzeit, wann wer welchen Prozess erledigt haben muss, welche Fragen noch offen sind etc.

Die zu erledigenden Aufgaben können entweder nach Priorität im Zeitablauf oder nach Ihrer persönlichen Checkliste sortiert mit farbigen Balken unterlegt in einen Kalender eingetragen werden.

Für welche Art der Gestaltung Sie sich auch immer entscheiden, in den folgenden Kapiteln besprechen wir weitere zu beachtende Punkte, die Sie – individuell auf Ihr Event abgestimmt – mit in den Ablaufplan aufnehmen sollten.

Der im folgenden abgebildete Ablaufplan beschränkt sich der Übersicht halber auf einige wenige Punkte:

Zeitlicher Ablaufplan der Vorgänge bis zum Eventtag

zu erledigen bis	durch wen	Aufgabe	beteiligte Firmen	bestätigt am
05.06.	Produktionsleiter	Venuebesichtigung + Check	Mehrzweckhalle	01.06.
15.06.	Mitarbeiter 1	Angebote PA		07.06.
15.06.	Mitarbeiter 2	Angebote Catering		10.06.
15.06.	Mitarbeiter 2	Angebote AV		15.06.
20.06.	Mitarbeiter 1, Kunden	Einladungsschreiben erstellen		20.06.
25.06.	Mitarbeiter 2	Hotel reservieren	Hotel Hamburg	
29.06.	Mitarbeiter 1	PA buchen	Audio GmbH	15.07.
29.06.	Mitarbeiter 2	Catering buchen	Fa. “Dinner for all”	29.06.
30.06.	Mitarbeiter 1	Einladungsschreiben drucken + versenden	Druckerei “Print”	30.06.
07.07.	Mitarbeiter 2	Künstleranfragen	Band 1, Band 2	07.07.
15.07.	Mitarbeiter 2	Hotel verbindlich buchen	Hotel Hamburg	15.07.
20.07.	Mitarbeiter 2	Künstler buchen	Band 2	20.07.
...	...	...	...	...

Ein weiterer Ablaufplan, den Sie erstellen müssen, ist der Programmablaufplan oder auch Regieplan genannt. Dieser stellt ebenso einen zeitlichen Ablauf dar, jedoch lediglich auf den Tag der Durchführung bezogen und nicht auf die zu klärenden Punkte in der Planungsphase. Ein solcher Programmablaufplan hat die Aufgabe, alle Ereignisse eines Events minutiös festzuhalten, damit ein synchroner Ablauf des Events gewährleistet ist. Es werden nicht nur alle Aufgaben zum jeweiligen Zeitpunkt genau festgehalten, sondern auch die beteiligten Personen und Medien mit diesen Aufgaben verknüpft. Ein solcher Programmablaufplan kann wie folgt aussehen:

Programmablaufplan

Zeitraum	Dauer	Aufgabe	beteiligte Personen	Medien	Ort
08.00 - 10.30 Uhr	02:30 Std.	Bühnenaufbau	Stage GmbH; Aufbauhelfer		Halle
17.30 - 18.00 Uhr	00:30 Std.	Einweisung Security	Security GmbH; Projektleiter		Halle, Einlass, VIP, Backstage
19.00 Uhr		Einlass	alle		Check-in-Büro
19.00 - 20.00 Uhr	01:00 Std.	Sektempfang	Hostessen	Musik 1	Foyer
20.00 - 20.15 Uhr	00:15 Std.	Übergang in die Halle	Hostessen	Musik 2	Foyer/Halle
20.15 - 20.20 Uhr	00:05 Std.	Ansprache	Moderator X		Bühne
20.20 - 20.50 Uhr	00:30 Std.	Produktpräsentation	Ton & Licht GmbH	AV, Licht, Audio	Bühne
20.50 - 22.30 Uhr	01:40 Std.	Buffet	Catering		Halle
20.50 - 21.30 Uhr	00:40 Std.	Performance	Band 1	Licht, Audio	Bühne

14.4 Eventüberwachung und –steuerung

Die erwähnten Planungsmethoden und Ablaufpläne haben alle den Hintergrund, als Instrumente beziehungsweise Vorlagen zur Überwachung und Steuerung Ihres Events zu dienen. Sie stellen wesentliche Soll-Werte dar, beispielsweise in Form der Dauer eines Prozesses oder den genutzten Ressourcen. Eine ausführliche Ausarbeitung der Pläne erleichtert demnach das weitere Vorgehen. Überwachung des Events heißt hierbei, einen zuvor definierten Soll-Zustand mit einem Ist-Zustand in Bezug auf Faktoren wie

- Zielerreichung
- Zeit
- Budget
- Kapazität
- Ressourcennutzung etc.

zu vergleichen. Deutet der Vergleich auf eine Verzögerung des Ablaufs hin, so setzt die Steuerung ein: Hierbei müssen so lange Maßnahmen zur Korrektur eingeleitet werden, bis der Soll/Ist-Vergleich entsprechend zutrifft. Solche Korrekturen können durch Mehrstunden, Einstellung von weiterem Personal, zeitliche Raffung des Prozesses, Erhöhung des Budgets oder ähnliches eingeleitet werden.

Es gibt unterschiedlichste Einflussfaktoren, die den Ablauf des Events und somit der Nichterreichung eines Soll-Wertes behindern können. Diese lassen sich in interne (Mitarbeiterengpässe, mangelndes Know-How etc.) und externe Faktoren (Änderung des Konzepts, Wetter, politische Entscheidungen etc.) unterscheiden.

Während aller Phasen im Event, sei es bei der Planung, der Durchführung oder Nachbereitung, müssen Überwachung und Steuerung konsequent durchgeführt werden, damit das Ziel – der Erfolg des Events – erreicht wird.

14.5 Kalkulation und Kosten

Bereits bei der Erstellung des Konzepts müssen Sie eine Vorkalkulation liefern, damit Ihr Kunde weiß, inwieweit und für welche Bereiche Kosten anfallen. Legt er aber ein bestimmtes Budget vor – was meistens der Fall ist –, dann liegt es an Ihnen, diesen Rahmen einzuhalten.

Schon bei Ausschreibungen um ein Event – beim Pitch – müssen Sie eine Kalkulation vorlegen. Diese Kalkulation ist zunächst Basis für alle weiteren Vorgehensweisen.

Während der Planungsphase konkretisieren sich die Kosten. Änderungen im Eventablauf wirken sich unmittelbar auch auf Ihre Kalkulation aus. Demzufolge sollten Sie einen gewissen finanziellen Spielraum lassen, der es Ihnen ermöglicht, auf diese Änderungen einzugehen. Halten Sie also Ihre Kalkulation immer auf dem Laufenden um möglichen Engpässen entgegenzuwirken, und unterrichten Sie Ihren Kunden, falls Sie diesen Rahmen nicht mehr einhalten können.

Auch am Ende des Events müssen Sie eine Nachkalkulation oder auch Gesamtabrechnung auf Basis der Erstkalkulation erstellen – zum einen für Ihren Kunden, zum anderen für die genaue Nacherfassung Ihrer Ausgaben und Einnahmen. Darüber hinaus stellt eine solche Abrechnung eine gute Vergleichsmöglichkeit für weitere Events dar. Diese Abrechnung enthält, genau wie die Kalkulation, alle von Ihnen und von externen Dienstleistern erbrachten Leistungen und entstandenen Kosten für das Event.

Demnach lassen sich Kosten grob in zwei Arten unterteilen: Selbstkosten und Fremdkosten.

14.5.1 Selbstkosten

Selbstkosten unterteilen sich nochmals in variable (direkte) und fixe (indirekte) Kosten. Variable Kosten lassen sich direkt dem jeweiligen Event zuordnen; es sind Leistungen und Ausgaben, die Sie für dieses Event getätigt haben. Unter anderem betreffen dies Folgendes:

- Konzept
- Beratung und Betreuung
- Besichtigungen (z. B. des Venues)
- Personal
- Reisekosten
- Durchführung
- Auswertung von Fragebögen / Erstellung einer Evaluation
- Dokumentation des Events
- Nachkontrolle (z. B. Kontrolle auf Zielerreichung)
- Nachkalkulation

Fixe Kosten lassen sich nicht hundertprozentig oder nur schwer schätzbar dem jeweiligen Event zuordnen; aus diesem Grund berechnen Sie eine Pauschale (z. B. für Porto, Büromaterial, Kopien, Telefon oder Internetnutzung). Auch andere Kosten wie Miete, Nebenkosten, Versicherung, Verwaltung etc., die während eines gesamten Jahres anfallen, rechnen Sie auf einen Tag herunter und geben diesen Gemeinkostenzuschlag, multipliziert mit der Anzahl der vom Event beanspruchten Arbeitstage, weiter.

14.5.2 Fremdkosten

Fremdkosten sind im Gegensatz zu den Selbstkosten relativ einfach dem Event zuzuordnen, denn Sie entstehen durch Inanspruchnahme fremder Dienstleister. Es kommt häufig vor, dass diese im Rahmen Ihrer Vorbereitungen auf das Event getätigte Auslagen im Vorfeld erstattet bekommen möchten, genauso wie Sie es eventuell vom Kunden verlangen. Falls Sie mit einem externen Dienstleister zum ersten Mal arbeiten, sollten Sie ein wenig Vorsicht walten lassen. Wenn Sie ein Event einige Monate im Voraus planen, könnte es möglicherweise passieren, dass einer der Dienstleister insolvent wird.

Denkbare Fremdkosten, die im Laufe der Eventplanung entstehen können, sind Folgende:

- Beratung durch Dritte
- Venue
  - Halle/Flächen/Räume
  - Küchennutzung
  - Heizung
  - Klimaanlage
  - Reinigung
  - Strom, Wasser, Abwasser
  - Dekoration
  - Genehmigungen

- Bühne
  - Audio
  - Licht
  - Video
  - Bühnenbau
  - Bühnenbild/-deko
  - Bühnenabsperrung/Graben/Gitter

- Fremdpersonal
  - Kassenpersonal
  - Gäste-/VIP-Listenbetreuung
  - Hostessen für Einlass/Begrüßung
  - Garderoben-/Toilettenpersonal (eventuell auch vom Venue gestellt)
  - VIP-Betreuung
  - Dekorateure

  - Moderatoren
  - Produktionsleiter
  - Runner/Hands (Aufbauhelfer)
  - Chauffeure
  - Fotografen
    - Künstler (und -betreuung)
    - Live-Bands, Entertainer
    - Tänzer
    - Animateure
    - Artisten
  - Dolmetscher
  - Reinigungspersonal

- Sicherheit
  - Security
  - Feuerwehr
  - Erste Hilfe
  - Intercom
  - Behörden/Genehmigungen

- Betreuung
  - Catering (für Gäste und eventuell Personal)
  - Unterkunft
  - Transfer
  - Give-aways
  - Ausstattung wie z. B. Namensschilder

- Künstler und Akteure
  - Gage
  - Transfer
  - Nebenkosten

• Werbung/PR
  - Druck von Werbematerialien (Einladungen, Plakate, Flyer etc.)
  - Anzeigenschaltung
  - TV-Spots
  - Radiospots
  - Aushänge
  - Plakatierung
  - Flyerverteilung
  - Tages-/Monatspresse

• Versicherungen und Abgaben
  - Versicherungen
  - GEMA
  - Künstlersozialkasse
  - „Ausländersteuer"
  - Vergnügungssteuer

14.6 Veranstaltungsort/Venue

Es kommt ganz auf Ihren Auftraggeber und die Art des Events selbst an, welcher Veranstaltungsort (meist Venue oder Location genannt) für die Durchführung in Frage kommt. Unter Umständen gibt Ihnen Ihr Auftraggeber einen Ort vor, aber vielleicht wird Ihnen in diesem Bereich auch Spielraum gelassen.

Soll ein Produkt vorgestellt werden, so empfiehlt es sich, das Venue an das Produkt anzupassen. Das heißt, wenn Sie einer erlesenen Gruppe ein Sportauto vorstellen möchten, dann bietet sich ein Venue mit angeschlossener Rennstrecke an, zur Weiterbildung von Mitarbeitern die Kongressräume eines Hotels, zur Neuvorstellung eines neuen Joghurts unter Umständen der Vorplatz eines großen Supermarktes.

Mit der Auswahl des Venues beginnt bereits die Umsetzung der Idee.

Auch dieses muss der Corporate Identity angepasst sein. Je nach Jahreszeit ist es auch sinnvoll, einen Teil des Events nach draußen zu verlagern, um so den Teilnehmern eine gewisse Abwechslung zu verschaffen. Sollte es draußen kalt sein, jedoch die winterliche Atmosphäre genossen werden, so können Sie natürlich mit Heizstrahlern nachhelfen.

Im Anhang, Kapitel 23.3 finden Sie eine Checkliste für Venues, die Sie jederzeit vor Ort anwenden können, um das passende Venue für Sie und Ihren Kunden zu finden.

14.6.1 Größe und Beschaffenheit

Die Frage nach der Größe des Venues stellt sich zuerst. Ist eine genaue Teilnehmerzahl bekannt, so lässt sich verhältnismäßig schnell eine Antwort darauf finden. Planen Sie jedoch ein Event, bei dem die Zahl der Teilnehmer noch unbekannt ist, so müssen Sie sich auf Ihre eigene Erfahrung oder die Schätzung Ihres Kunden verlassen. Es empfiehlt sich immer, eine gewisse Reserve einzuplanen. Zudem müssen Sie beachten, wie die Teilnehmer des Events Platz finden sollen: im Stehen, in Sitzreihen oder an Tischen? Solche Faktoren spielen auch eine entscheidende Rolle.

Meistens haben die Veranstaltungsstätten Raumpläne, die anzeigen, wie viele Personen bei welcher Sitzordnung Platz finden. Mehr zum Thema Bestuhlungsformen finden Sie in Kapitel 14.6.7.

Ein weiterer, nicht unwesentlicher Punkt, ist die Verdunkelung des Raums, falls die Notwendigkeit besteht.

14.6.2 Besonderheit: Open Air Events

Events unter freiem Himmel laufen zunächst einmal immer Gefahr, wegen schlechten Wetters nicht optimal zu verlaufen. Möglicherweise müssen Sie Ihren Gästen Zelte, Heizstrahler oder Teppiche zur Verfügung stellen, damit das Event nicht „ins Wasser“ fällt.

Logistisch stellt ein Open Air Event immer eine Herausforderung dar, im Gegensatz zu immobilen Venues: Bereiche müssen abgetrennt und gesondert geschützt werden, Catering- und Gastzelte aufgebaut, Strom verlegt, Licht installiert und Toilettenwagen gestellt werden. Sollten Sie für das Event noch eine Bühne benötigen, also Künstler engagieren oder Präsentationen und Diskussionsrunden halten, so müssen Sie diese auf „grüner Wiese", also im Freien, aufbauen lassen. Ein erheblicher Aufwand – nicht nur finanzieller Art. Auch an die Sicherheitsvorkehrungen werden besondere Anforderungen gestellt, die in Kapitel 14.6.9 „Sicherheit, Behörden und Brandschutz" näher betrachtet werden.

Sollte aber trotz aller Widrigkeiten das Event durchgeführt werden, so lässt sich auf ein besonders lebendiges Event mit großartigem Ambiente unter freiem Himmel zurückblicken.

14.6.3 Besonderheit: Messen

Soll ein Unternehmen, Produkt oder eine Dienstleistung auf einer Messe repräsentiert werden, so ist eine Vielzahl von Dingen für einen erfolgreichen Messeauftritt zu beachten.

Die wichtigste Frage stellt sich zu Beginn: Wie groß soll die Präsentations- oder Ausstellungsfläche sein? Hierbei sind Faktoren wie Bedeutung der Messe oder zur Verfügung stehendes Budget ausschlaggebend.

Die Standfläche in Messehallen wird in Quadratmetern bei Anmeldung genannt, sowie die gewünschte Länge und Breite der Fläche. Außerdem können Sie bei großen Messen einen Platzierungswunsch angeben. So stellen Sie sicher, dass Ihr Stand in der Nähe ähnlicher Produktanbieter steht und so verstärkt von Fachbesuchern frequentiert wird. Entscheidend für die Standfläche ist auch die Frage nach der Art des Standes. Dabei entscheidet die Zahl der offenen Seiten über den Preis. Denn je offener ein Stand ist, desto mehr Publikum vermag er anzuziehen. Folgende Standarten sind üblicherweise vorzufinden:

- Reihenstand: Mit nur einer Öffnung zum Publikumsverkehr ist diese Standart die günstigste Variante.

- Eckstand: Hat zwei offene Seiten und zwei geschlossene, erreicht somit mehr Publikum.

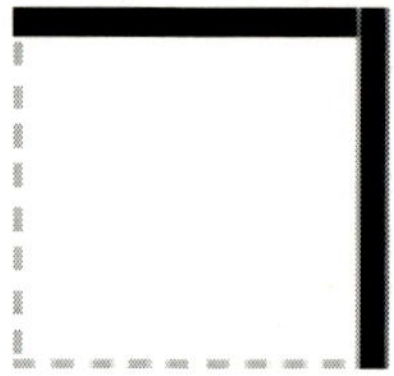

- Kopfstand: Ein Kopfstand besitzt lediglich eine einzige Wand.

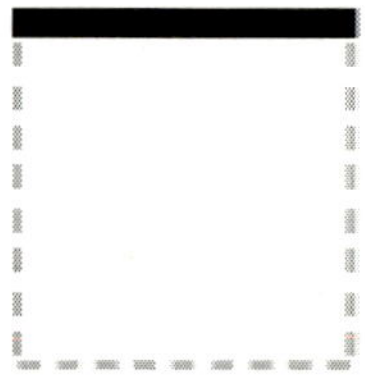

- Blockstand: Die teuerste Variante und meist bei großen Messeständen zu finden; komplett freistehend, zu allen Seiten des Publikumsverkehrs geöffnet.

Neben der eigentlichen Standfläche benötigen Sie einiges an Ausrüstung und Dienstleistungen, die sich entweder in Ihrem Besitz, dem des ausstellenden Unternehmens befinden oder über Dienstleister zusätzlich bestellt werden können. Zudem fallen bei einem Messeauftritt einige Gebühren an.

• *Wandelemente*
Die Miete der Standfläche beinhaltet lediglich die Nutzung eines Ihnen zugewiesenen Platzes während der Messe. Um Produkte, Dienstleistungen und Unternehmen präsentieren zu können, benötigen Sie jedoch flexible Wandelemente, die, mit Produkt- oder Unternehmensinformationen bestückt, den Stand erst als solchen erkennbar machen. Wandelemente können individuell angefertigt oder auch gemietet und nach Ihren Wünschen in allen denkbaren Variationen angepasst werden.

• *Standbau*
Um Hardware auf der Messe aufzubauen, benötigen Sie einen Dienstleister im Messebau, der den Stand nach Ihren Vorstellungen aufbaut. Sollte das ausstellende Unternehmen keine eigene Hardware wie Wandelemente zur Verfügung stellen, so kann ein Dienstleister neben der Erstellung der Wandelemente auch den Aufbau durchführen.

• *Bodenbelag*
Auslegeware und andere Bodenbeläge wie Laminat oder Parkett sind bei Messeveranstaltungen üblich. Bodenbeläge bieten Schutz und unterstützen die Wirkung des Standes.

• *AUMA-Gebühren*
Der Ausstellungs- und Messe-Ausschuss der deutschen Wirtschaft e. V. (AUMA) erhebt für Messeflächen eine Gebühr, die sich nach der gemieteten Quadratmeterzahl berechnet. Der Veranstalter behält diese Gebühr vom Aussteller ein und führt sie direkt an den AUMA ab.

• *Abfallgebühren*
Abfallgebühren richten sich ebenfalls nach der gemieteten Stellfläche.

• *Strom*
Licht, Kaffee- und Spülmaschinen, Computer, Vorführung von Produkten und Technologien etc. benötigen Strom. Dieser wird, abhängig von der gewünschten Leistung (Kilowatt), von der Messe gegen Entgelt bereitgestellt. Die Bereitstellung eines Anschlusses und der eigentliche Stromverbrauch werden meist über eine Pauschale abgedeckt.

• *Wasser*
Auch ein Wasseranschluss kann von der Messe gestellt werden, wenn Sie beispielsweise eine Spülmaschine oder ein Waschbecken nutzen wollen.

• *Internet*
Oftmals hilft es, dem Kunden die Internetseite des Unternehmens zu zeigen, um auf das eine oder andere Produkt, das derzeit nicht auf der Messe zu finden ist, hinzuweisen. Aber auch für Büroarbeit, die während des Messeauftritts erledigt werden kann, eignet sich ein Internetanschluss.

• *Telefon/Fax*
Selbiges gilt für den Telefon- und Faxanschluss. Große Messestände nutzen Telefone auch, um Termine zu vereinbaren oder Kunden an Berater weiterzuleiten.

• *Bewachung*
Besonders wertvolle Ausstellungsstücke oder Arbeitsgegenstände sollten bewacht werden. Auch hier bietet die Messe selbst oder messenahe Dienstleister einen Service an.

• *Reinigung*
Ein ordentlicher und sauberer Stand ist das Aushängeschild des Unternehmens. Dienstleister, die mit der Messe zusammenarbeiten, bieten einen individuell angepassten Service an (Staubsaugen, Leeren von Mülleimern und Aschenbechern, Wischen von Flächen etc.).

• *Messekatalog*
Die Eintragung in den Messekatalog ist meist Pflicht und mit einer pauschalen Gebühr verbunden. Oftmals wird durch eine zusätzliche Gebühr die Möglichkeit eingeräumt, das Logo des Unternehmens abdrucken zu lassen.
Der Messekatalog ist in seiner Wirkung nicht zu unterschätzen, planen doch viele Fachbesucher nach diesem ihre Besuche.

• *Pressefach*
Das Pressefach ist erste Anlaufstelle für Journalisten und Fachbesucher, zu finden am Haupteingang des Messegeländes. Hier können Sie gegen eine Gebühr Infomaterial in verschiedenen Sprachen sowie Give-Aways auslegen.

• *Hostessen*
Neben Personal, das das Unternehmen unmittelbar vertritt und Kontakt mit potentiellen Kunden aufnimmt, müssen unter Umständen Hostessen engagiert werden, die (meist bei größeren Ständen) Termine vereinbaren, erste Ansprechpartner nennen und Visitenkarten ausgeben können, aber auch um Getränke und Give-Aways zu verteilen. Denken Sie daran, dass Hostessen ebenfalls als Aushängeschild des ausstellenden Unternehmens identifiziert werden.

• *Dekoration*
Alle wünschenswerten Dekorationen für Ihren Stand können gegen ein Entgelt ebenfalls gebucht werden. Darunter Pflanzen, Garderoben, Möbelstücke, Stühle, Tische, Aschenbecher etc.

Neben dem eigentlichen Stand kann auf dem gesamten Messegelände für den Messestand und somit das Unternehmen geworben werden. Hierbei gibt es zahlreiche Werbeflächen und -möglichkeiten, die Ihnen die Messe bzw. der Veranstalter der Messe zur Verfügung stellen.

Ob Werbung auf diesem Wege sinnvoll ist, hängt vom Unternehmen, dessen Zielgruppe und dem Publikum der Messe ab.

14.6.4 Ausstattung/Raumdekoration

Nicht jedes Venue eignet sich von vornherein. Je nach Art des Events reicht unter Umständen die vorhandene Ausstattung aus; wenn Sie beispielsweise einen Workshop in einem Hotel planen, so werden Sie in den Räumen höchstwahrscheinlich Projektoren sowie Flipcharts vorfinden. Wenn Sie allerdings eine Halle mieten, kann es sogar sein, dass Sie Stühle für Ihre Gäste besorgen müssen. Viele Venues verfügen über ein reichhaltiges Repertoire an Raumdekoration. Klären Sie auf jeden Fall mit dem Vermieter ab, was bereits in der Raummiete inbegriffen ist und welche Ausstattung eventuell hinzugebucht werden muss.

Zusammenfassend kann man sagen: Ihr angemietetes Venue soll nicht nur in der Größe passen, sondern auch Ausstattungsfaktoren wie die Raumdekoration spielen eine wichtige Rolle bei der Wahl des passenden Venues.

Möchten Sie angemietete Räumlichkeiten passend zum Event dekorieren lassen, so bieten professionelle Agenturen einen solchen Service an, auf den Sie zurückgreifen können.

14.6.5 Kasse/Check-In/Gästeliste/Garderobe

Sollte es gewünscht werden oder sinnvoll erscheinen, bei einem umfangreichen Event die Teilnehmer persönlich zu begrüßen und mit nützlichen Informationen wie Tagungsmappen zu versorgen, so richten Sie ein Check-in-Büro oder einen Empfang ein. Zum einen erlaubt dies nur geladenen Gästen den Eintritt, zum anderen kann die Information, welcher Gast erschienen ist, für Ihren Auftraggeber nützlich sein. Solche Kassenhäuschen oder Check-in-Büros sind meist vorhanden, müssen aber je nach Venue eventuell erweitert oder den Anforderungen angepasst werden.

Kommen folgende Punkte in Betracht, so ist ein solcher Posten unverzichtbar:

- persönlicher Empfang des Gastes
- Ausstattung mit Namensschildern
- Versorgung mit Informationen über Ihren Auftraggeber oder den Eventablauf
- Betreuung besonderer Gruppen (Presse, VIPs etc.)
- Aushändigung von Fragebögen

Organisieren Sie ein Event, bei dem zwischen verschiedenen Gruppen wie Gästen, die Eintritt zahlen müssen, Gästen mit freiem Eintritt oder VIPs mit besonderer Betreuung unterschieden wird, so empfiehlt es sich, für jede dieser Gruppen einen separaten Einlass beziehungsweise Empfang einzurichten. Wie gesagt, auch hier kommt es auf den Charakter des Events an.

Auch auf eine Garderobe und deren Kapazität sollte bei kälteren Jahreszeiten verstärkt geachtet werden.

14.6.6 Formen der Diskussionsführung

Innerhalb von Events finden unterschiedliche Formen von kommunikativem Austausch informeller und formeller Art statt, die Sie auch für die spätere Wahl der Bestuhlungsform beachten sollten. Hierbei gibt es unterschiedliche Formen, die je nach Wunsch die Kommunikation einer oder mehrerer Personen regeln.

Rede

Die Rede bietet eine meist einseitig gerichtete Form der Kommunikation. Ein Redner oder auch mehrere im Wechsel, steht auf einer Bühne oder erhebt sich aus dem Kreis anderer Teilnehmer, die zu Zuhörern werden. Der Redner richtet seine Informationen an die Zuhörer und bietet selten im Anschluss an seiner Rede eine Feedbackrunde an.

Podiumsdiskussion

Die Podiumsdiskussion oder auch Expertenrunde bietet den Rahmen für eine kleine Auswahl an Rednern und Diskussionsteilnehmern. Die Diskussion, an der eine Zuhörerschaft teilnimmt läuft hauptsächlich auf einem Podest oder einer Bühne ab. Die Podiumsdiskussion wird von einem Moderator begleitet, der die Diskussionsrunde durch Begrüßung und Vorstellung der Teilnehmer und des Themas einleitet, und das Themenfeld der Gesprächsrunde beisammenhält. Der Moderator achtet ebenso auf eine gleichmäßige Einbringung aller Teilnehmer, als auch auf die Einhaltung zeitlicher Vorgaben.

Bei Diskussionsrunden kann vereinbart werden, Fragen aus dem Publikum an die Experten entweder direkt oder am Ende der Diskussionsrunde zu stellen.

Fish Bowl

Meist bei kleineren Diskussionsrunden bietet sich diese Form an. Es gibt unterschiedliche Abwandlungen der Fish Bowl, die jedoch alle denselben Zweck verfolgen: Allen Teilnehmern soll eine Einbringung in das Diskussionsgeschehen in interaktiver Weise ermöglicht werden.

Dabei nehmen Redner auf einer Bühne oder einem Podest Platz. Hierbei besteht die Möglichkeit, entweder einen festen „Stamm“ an Experten in der Runde zu belassen, wobei Publikumsteilnehmer auf einen freien Platz in der Runde wechseln können. Oder aber alle Redner werden gleich behandelt und können von einem interessierten Redner aus dem Publikum aufgefordert werden, den Platz zu tauschen.

Fish Bowls haben den Vorteil, dass sie recht lebendig vonstatten gehen, da sich immer wieder neue Redner in das Diskussionsgeschehen einbringen. So kann eine Gleichgewichtung des Redeanteils jedes Teilnehmers angestrebt werden.

14.6.7 Bestuhlung

Um den zur Verfügung stehenden Raum optimal nutzen zu können, müssen Sie sich über die Bestuhlungsform Gedanken machen. Wieder stellt sich die Frage: Was soll mit dem Event erreicht werden?

Machen Sie sich zunächst einmal eine Liste mit folgenden Stichpunkten, um die für das Event geeignete Bestuhlung zu eruieren:

- In welcher Form kommunizieren die Teilnehmer untereinander?
- Gibt es einen Moderator?
- Wird Essen serviert, oder gibt es ein Buffet?
- Wie lange dauert das Event?
- Müssen die Stühle bei eventuellem Umbau schnell abgebaut werden können?

Wie Sie unter Umständen selbst schon einmal erfahren haben, können lange Sitzungen noch länger erscheinen, wenn Sie auf einem unbequemen Stuhl sitzen. Aus diesem Grund sollten Sie erwägen – wenn es denn angebracht ist – Stühle mit Armlehnen zu nutzen. Bei Nutzung dieser können zwar insgesamt weniger Sitzplätze angeboten werden und sollte der Raum mehrfach umgebaut werden, sind sie schwieriger zu handhaben, jedoch steigert ein Stuhl mit Armlehne die Ausdauer und Konzentration der Teilnehmer.

Größere Venues verfügen über Bestuhlungspläne mit unterschiedlichen Anordnungen, um Ihnen als Eventmanager einen einfachen Überblick zu geben.

Reihenbestuhlung
Die Reihenbestuhlung – auch Theaterbestuhlung genannt – eignet sich bestens bei Events mit hoher Teilnehmerzahl. Sie stellt die typische Aufreihung mit einer Bühne oder einem Podest in Front dar und bietet allen Teilnehmern eine gute Sicht.

Reihenbestuhlung

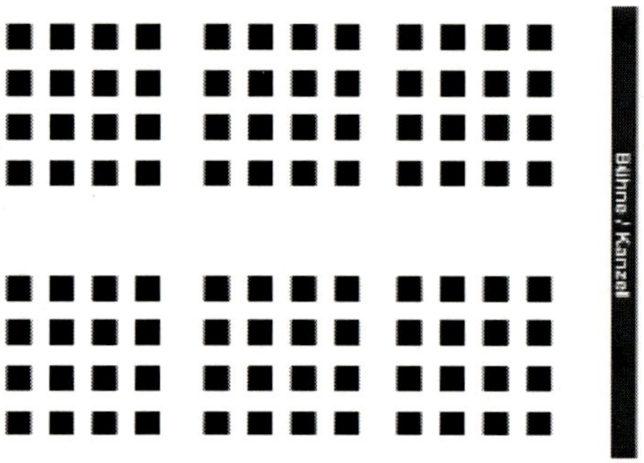

Parlamentsbestuhlung
Besteht bei kleinerer Teilnehmerzahl die Notwendigkeit der Mitschrift, so wird häufig die Parlamentsbestuhlung mit länglichen Tischen bevorzugt.

Einreihige Parlamentsbestuhlung

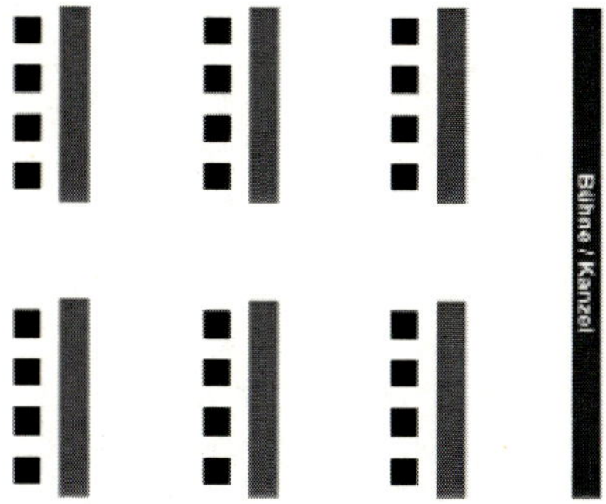

Die Parlamentsbestuhlung kann auch in beliebiger Form variiert werden. So ist z. B. eine zweireihige Form durchaus bei Firmenjubiläen mit Essen üblich:

Zweireihige Parlamentsbestuhlung

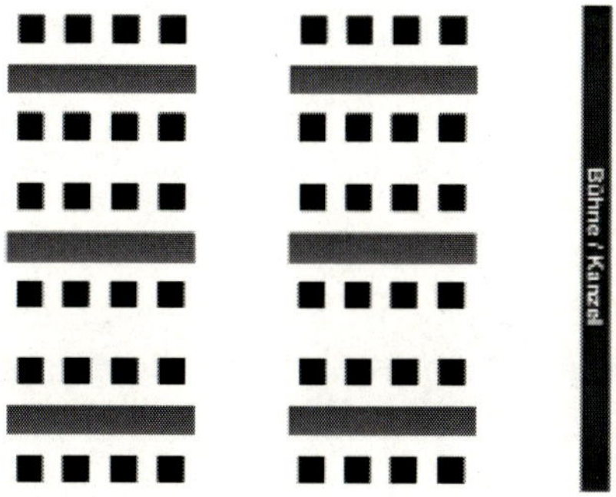

Bankettbestuhlung

Die Bankettbestuhlung eignet sich hervorragend für Events, bei denen der Austausch in kleineren Gruppen im Vordergrund steht. Zudem ermöglicht sie den Teilnehmern die problemlose Einnahme von Speisen. Allerdings ist zu beachten, dass – sofern eine Bühne vorhanden sein soll – es nicht allen Teilnehmern gelingt, ohne weiteres auf diese zu blicken.

Bankettbestuhlung

Die zuvor genannten vier typischen Bestuhlungsformen beziehen sich hauptsächlich auf große Teilnehmerzahlen mit einer Bühne oder einem Podest. Gerade im Bereich der Konferenzen, Seminaren oder Workshops aber, also Events mit kleineren Teilnehmerzahlen, sind folgende Formen häufig anzutreffen.

U-Form
Die U-Form ist die gängigste Bestuhlungsform für Diskussionsrunden mit Hauptpersonen wie Rednern oder Dozenten, die am Kopf der Tafel Platz nehmen. Im Rücken der Hauptpersonen kann sich eine Projektionsfläche, eine Kreidetafel, eine Pinwand oder ein Flip-Chart befinden, die als Kommunikationsmedium eingesetzt werden. Die außen liegenden Tische werden von den anderen Teilnehmern oder Zuhörern besetzt.

Eine doppelte Besetzung der unteren Ecken des Us ist zu vermeiden, da es zu Einschränkung der Beinfreiheit kommen kann. Diese Bestuhlungsform bietet allen Beteiligten einen guten Blick auf das Geschehen der anderen Teilnehmer, der Hauptpersonen und Kommunikationsmedien.

U-Form

E-Form

Die E-Form eignet sich gut für festliche Events im kleinen Rahmen. Auch hier sitzen am Kopf der Tafel die Hauptpersonen, auf die, aufgrund der Anordnung weiterer Tische, ein guter Blick für alle Teilnehmer ermöglicht wird.

Da die E-Form die Sicht der „normalen" Teilnehmer auf andere einschränkt, und einige Teilnehmer auf den Rücken anderer blicken, beschränkt sich die Kommunikation auf einen bestimmten Teilnehmerkreis im Umfeld.

E-Form

T-Form

Ähnliche Vorteile wie die U-Form bietet die T-Form. Auch hier platzieren sich Hauptteilnehmer am Kopf der Tafel. Im Innenbereich bieten Tische Platz für weitere Teilnehmer. Die T-Form eignet sich für Diskussionsrunden wie auch festlichen Events, bei denen ein direkterer Austausch zwischen den Teilnehmern auf kleinem Raum ermöglicht wird.

T-Form

Block-Form

Die Block-Form ist ideal geeignet für Workshops, Ideenfindungs- oder Diskussionsrunden, bei denen ein reger Austausch zwischen den Teilnehmern erwünscht ist. Sollten Hauptpersonen, wie Teamleiter, mit am Tisch sitzen, so wird ihre Rolle als Leiter aufgrund der fehlenden räumlichen Distanz im Sinne des Teams herabgesetzt. Die Block-Form hat den Vorteil, große Schreibflächen zur Verfügung zu stellen, und ermöglicht den unkomplizierten Austausch von Ideenpapieren oder Diskussionsmaterial.

Block-Form

Carree-Form
Die Carree-Form bietet die Vorteile der U- und Block-Form. Sollten insbesondere die Vorteile der Block-Form erwünscht sein, die Beschaffenheit der Tische eine Block-Form jedoch nicht zulassen, so bietet die Carree-Form einen guten Kompromiss: Alle Teilnehmer haben einen guten Blick auf mögliche Hauptpersonen bei recht flacher Hierarchiestruktur. Das Innere des Carrees können Kommunikationsmedien oder auch Dekoration ausfüllen.

Carree-Form

14.6.8 Bühne
Unter Umständen ist in Ihrem Venue eine Bühne vorhanden. Technische Pläne dafür hat die Leitung des Venues. Reicht die Ausstattung der vorhandenen Bühne nicht aus oder besteht überhaupt keine Bühne, so empfiehlt es sich, Fachleute im Bühnenbau zu beauftragen. Diese Leute setzen nach Ihren Vorstellungen und Ansprüchen die Bühne im wahrsten Sinne des Wortes in Szene.

Nicht nur das eigentliche Gerüst der Bühne spielt für die Inszenierung eine Rolle, sondern auch die Dekoration. Die Wirkung von visuellen Medien sollte nicht unterschätzt werden. Mit Projektoren können Sie eine unglaubliche Stimmung hervorrufen, mit Overhead-Projektoren das Logo des Events, des Produkts oder des Unternehmens darstellen.

Mehr zu diesem technischen Thema finden Sie auch in Kapitel 22 „Technik für Eventmanager“.

Möchten Sie beispielsweise Wände mit Vorhängen schmücken oder Tische besonders eindecken lassen, so können Sie auch hier auf die Hilfe und Kompetenz von Fachleuten oder externen Dienstleistern zurückgreifen.

14.6.9 Sicherheit, Behörden und Brandschutz

Die Sicherheit aller beteiligten Personen beim Event – sprich die der Gäste und des Personals – steht an erster Stelle. Bei der Nutzung von Venues gibt es die so genannte Versammlungsstättenverordnung (VStättVO), siehe auch Kapitel 18, die je nach Bundesland vom verantwortlichen Eventmanager bestimmte Anforderungen einzuhalten verlangt. Je nachdem finden Sie in anderen Ländern weniger strenge Vorschriften. Falls Sie kein Meister für Veranstaltungstechnik sind, sollten – und müssen Sie gemäß VStättVO – unter Umständen auch einen solchen für Ihr Event engagieren. Er kennt sich mit den aktuellen Bestimmungen aus, weiß, welche Sicherheitsstandards eingehalten werden müssen, und unterstützt Sie in jeglichen technischen Fragen.

Zusätzlich zu der erwähnten VStättVO gilt es die Unfallverhütungsvorschriften einzuhalten. Letztere Vorschriften gelten lediglich für den bühnentechnischen und Darstellungsbereich Ihres Venues, können aber möglicherweise für das gesamte Venue in Kraft treten, sofern die Bereiche nicht ordentlich voneinander getrennt sind.

Sicherheit muss nicht nur im technischen Sinne an oberster Stelle stehen, sondern auch personell in Form von Securities (männliche wie weibliche), Feuerwehrleuten oder Erster Hilfe umgesetzt werden. Informationen, wie viel Personal in dieser Hinsicht benötigt wird, erhalten Sie entweder vom Vermieter des Venues, von der Securityfirma oder – letztlich ausschlaggebend – vom Veranstaltungsmeister. Letzterer wird Ihnen auch sagen, ob es notwendig ist, z. B. die Bühne oder den Einlassbereich durch Gitter, Zäune oder Schleusen abzusperren.

Gitter mit Trittschutz bieten einen enormen Grad an Sicherheit und ermöglichen aufgrund des guten Stands ein Zurückhalten von drückenden Massen. Auch Schleusen haben einen guten Stand und regulieren den Einlass. Leichte Gitter oder auch Zäune hingegen helfen bei der Führung und Abgrenzung von Besuchern, einer Masse, die keinen Druck ausübt. Darüber hinaus dienen leichte Gitter oder Zäune als Be- und Eingrenzung des Venues und – mit einer Plane verdeckt – als Sichtschutz.

Auch der Boden muss insbesondere bei Events unter freiem Himmel geschützt bzw. verstärkt werden, wenn der Boden nur bedingt tragfähig ist. Hierzu werden unterschiedliche Systeme angeboten, die den Boden schonen, das Gewicht angemessen verteilen und für Aufbauten wie Bühnen tragfähig machen.

Zu dem Einsatz von Feuerwehr und Sanitätern müssen unter Umständen weitere öffentliche Einrichtungen und Behörden in die Planung einbezogen werden.

So bedarf es bei öffentlichen Events mit hohem Besucherandrang der Unterstützung von Polizisten, die für einen geregelten Ablauf sorgen und Sicherheit gewährleisten. Auch das Ordnungsamt kann bei öffentlichen Venues eine Rolle spielen, nämlich bei der Regelung des Verkehrs. Für Sonntagsfahrgenehmigungen von schweren LKW oder Bussen ist das Straßenverkehrsamt zuständig.

Nutzen Sie Dekorationsmaterial, so ist je nach Einsatzort auf eine bestimmte Norm zu achten. Hersteller von Dekorationsmaterialien müssen ihre Produkte in entsprechende Entflammbarkeitsklassen einteilen:

Klasse A2: nicht entflammbar
Klasse B1: schwer entflammbar
Klasse B2: schwer brennbar

Professionelle Dekorateure und nicht zuletzt ein Veranstaltungsmeister sollten über diese Klassen und somit über die Einsatzorte solcher Produkte Bescheid wissen.

Der Einsatz von Pässen stellt ebenfalls einen wichtigen Teil der Sicherheit dar: So verhindern Sie den Zugang von nicht-autorisierten Personen zu bestimmten Bereichen oder Räumlichkeiten des Events. Geregelt wird der Zugang von unterrichtetem Sicherheitspersonal. Die folgende Aufstellung soll eine mögliche Einteilung der Bereiche darstellen:

• *AAA*
Access all Areas, ermöglicht den uneingeschränkten Zugang zu allen Bereichen des Events.

• *Working*
Kennzeichnet meist lokale Arbeitskräfte, die eingeschränkten Zugang haben.

• *Aftershow*
Besucher, die nach dem Event zur Aftershow-Party (im Backstagebereich) Eintritt erhalten.

• *Presse/Foto*
Diesen Pässeinhabern wird der Zugang vor die Bühne (im sogenannten Graben) zum Fotografieren gewährt. Bei Konzerten beispielsweise ist den Fotografen meist das Fotografieren der Künstler bei den ersten drei Songs erlaubt.

• *VIP*
Dieser Besucher genießt festgesetzte Privilegien, darf z.B. hinter die Bühne, zur Aftershow-Party oder erhält Freigetränke.

• *Backstage*
Ermöglicht den Zugang hinter die Bühne. Ähnlich dem Working-Pass.

• *Künstler / Band*
Kennzeichnet den auftretenden Künstler und ermöglicht diesem, beispielsweise den Zugang zu Garderoben oder Catering.

Zur Sicherung des Venues und einem reibungslosen Ablauf gehört auch die Beschilderung aller notwendigen Bereiche wie Backstage, Umkleide, Catering, Bühne etc. Aber auch vor der Bühne und zur Orientierung für Besucher ist eine ordentliche Beschilderung wichtig. So können die Besucher einfacher zur Garderobe, Toilette, Raucherbereich oder einem Auskunftspunkt gelangen.

Insbesondere bei Events im Freien, die noch bei eintretender Dunkelheit durchgeführt werden, ist auf eine gute Beleuchtung von Hinweisschildern und Gefahrenquellen zu achten. Beleuchtung wird auch für ein stimmungsvolles Ambiente eingesetzt.

14.6.10 Intercom

Alle beteiligten Personen, die leitende Funktionen inne haben, sollten mit Funkgeräten ausgerüstet sein. Nur so kann effektiv gearbeitet und können Entscheidungen schnell gefällt werden. Des Weiteren sollten diese Personen alle auch ein Handy mitführen.

Zum Thema Intercom gehört aber nicht nur die Kommunikation zwischen arbeitenden Personen. Auch Personal oder Gäste benötigen unter Umständen eine Internetanbindung. Sollten Sie eine große Pressekonferenz halten, bei der viele Presseleute zu erwarten sind, reicht womöglich keine einfache WLAN-Verbindung mit vereinzelten Sendern aus, dann müssen Sie eine Satellitenverbindung anmieten. Seien Sie sich solcher Notwendigkeiten bewusst, denn reibungslose, schnelle Kommunikation ist heutzutage wichtiger denn je.

14.7 Personal

Personal, das nicht ohnehin von anderen Dienstleistern wie Catering, Security oder vom Venue gestellt wird, müssen Sie entweder über Personalagenturen oder Ihren eigens angelegten Personalstamm für Ihr Event beauftragen. Hierzu ist es notwendig, die benötigte Anzahl zu eruieren. Wie auch immer Sie Ihr Personal „beschaffen", Sie müssen zunächst jedem Mitarbeiter seinen individuellen Einsatzort wie -zeitraum nennen, ihn eventuell vorab mit Informationen zum Ablauf des Events beliefern und selbstverständlich am Tag des Events einweisen. Die Bezahlung ist dementsprechend abhängig von all diesen Faktoren. Folgende Aufgabenbereiche, für die Sie Personal benötigen, werden voraussichtlich anfallen:

- Technik & Bühne
  - Produktionsleiter (Veranstaltungsmeister)
  - Bühnenmeister (Stagemanager)
  - Licht- und Videotechniker
  - Rigger (zur Aufhängung von Lasten)
  - Dekorateur
  - Fahrer (Runner)
  - Aufbauhelfer (Hands)
  - Parkwächter

- Betreuung
  - Gäste allgemein
  - VIP
  - Künstler

- Presse
- Chauffeure

- Organisation
  - Kasse
  - VIP-, Presse- und Gästeliste
  - Hostessen für Begrüßung/Einlass
  - Moderator
  - Fotograf
  - Dolmetscher
  - Garderobe
  - Toilette
  - Reinigungspersonal

- Unterhaltung
  - Bands
  - Entertainer
  - Tänzer
  - Animateure
  - Artisten

Gegebenenfalls gehört neben der oben genannten ersten Einweisung der Mitarbeiter auch noch eine genaue Absprache zwecks Dienstkleidung dazu. Dies hängt unter anderem vom Aufgabengebiet ab. Meist ist es jedoch hilfreich, Ihre Mitarbeiter als solche zu erkennen. Ob dies nun über einheitliche Kleidung oder sogar über eine richtige Uniform geht, das hängt vom Budget und auch Zweck des Events ab. Letztlich werden alle Mitarbeiter zur Identifikation als solche mit Pässen versehen.

14.8 Künstler

Künstler werden über so genannte Bookingagenturen und durch den Künstlerdienst der Agentur für Arbeit vermittelt, die in der Planungsphase auch Ihre Ansprechpartner sind.

Generell gibt es verschiedene Möglichkeiten, Gagen zu vereinbaren. Für ein Event, bei dem Künstler nur ein Teil des Ganzen sind, bietet sich ausschließlich eine feste Gagenvereinbarung, eine so genannte Garantiegage, an.

Alternativ zur Garantiegage gibt es noch weitere Gagenvereinbarungen. So können die Einnahmen in einem bestimmten Prozenteverhältnis zwischen Künstler und Veranstalter geteilt (50/50, 60/40 usw.) oder beide Formen kombiniert werden. Bei einer solchen Kombination spricht man von Garantiegage gegen Prozente (alle Nettoeinnahmen über der festgelegten Garantiegage werden in einem Prozenteverhältnis geteilt) oder Garantiegage plus Prozente (Garantiegage plus prozentual geteilten Gewinn ab dem Break-even-point, also ab der Deckung aller Kosten). Auch eine Pauschalvergütung des Künstlers pro Besucher ist vorstellbar und hängt demnach unmittelbar von der Popularität des Künstlers ab.

Alle Formen der Gagenvereinbarung haben Vor- und Nachteile. Üblicherweise wird bei Events, bei denen der Künstler nicht den Mittelpunkt des Events darstellt (wie es z. B. bei einem Konzert der Fall wäre), eine Garantiegage vereinbart.

14.9 Betreuung

Damit sich die Gäste und auch Ihr Kunde zurechtfinden und wohlfühlen, bedarf es einer umfangreichen Betreuung, die sich von Beginn an bis Ende durch das ganze Event zieht. Dabei findet diese Betreuung durch eigene Mitarbeiter und externe Firmen statt.

14.9.1 Catering

Die wohl wichtigste und auch wirksamste Art der Betreuung ist das Catering. Unterschätzen Sie niemals dessen Gewicht für den Gesamterfolg des Events. Catering benötigen Sie bei nahezu jeglicher Art von Events. Nicht nur Ihre Gäste benötigen Verpflegung, sondern auch Ihre Mitarbeiter. Hierzu beauftragen Sie eine Firma, die sich auf Catering spezialisiert.

Bei einem Workshop reichen unter Umständen Kaffee und Fingerfood aus, was vielleicht schon vom Venue bereitgestellt werden kann, bei einer Präsentation eines exklusiven Produkts vor einem ausgewählten Kreis ist ein 5-Gänge-Menü oder exklusives Buffet angebrachter.

Auch die Verpflegung à la Carte kann wünschenswert sein. Allerdings sollten Sie beachten, dass die individuelle Auswahl eines jeden Gasts aus einem (wenn auch möglicherweise limitierten) Essensangebot ein langer Prozess ist und in der Regel höhere Kosten verursacht, als ein Buffet.

Ausschlaggebend für den externen Cateringservice ist in erster Linie die Anzahl der Teilnehmer oder Gäste des Events. Sie sollten ihn dazu in den zeitlichen Ablauf einweisen sowie Ihre Vorstellung von warmen oder kalten Speisen nennen. Ebenso zu beachten ist eine reichliche Auswahl an vegetarischen sowie unter Umständen veganen, koscheren oder halal Speisen.

Beachten Sie: Einige Venues besitzen Exklusivverträge mit Getränkelieferanten oder Brauereien, so genannte Konzessionen, was heißt, dass Sie womöglich nur auf vorhandene Getränkesorten zurückgreifen dürfen. Dies gilt es auf jeden Fall vorab mit dem Betreiber des Venues zu klären.

14.9.2 Unterkunft

An ein (oder eventuell auch mehrere) Hotel(s) sollten Sie denken, falls Gäste zu Ihrem Event von weiter her anreisen oder das Event über mehrere Tage andauert. Reservieren Sie eine ausreichende Menge an Einzel-, Doppel- und auch Tageszimmern rechtzeitig im Voraus. Sie können auf dem Einladungsschreiben vermerken, dass bei Bedarf eines Hotelzimmers die Zusage bis zu einem bestimmten Stichtag erfolgen soll. Liegt das Event zeitlich nicht gerade in der Hauptsaison eines Hotels, so können Sie bei größeren Anfragen zumeist einen Mengenrabatt aushandeln. Gleiches gilt auch für Stornobedingungen, die mitunter sehr teure Auswirkungen haben können. Teuer werden können auch die im Hotel anfallenden zusätzlichen Kosten. Fixieren Sie daher im Vertrag auch, inwiefern Kosten wie Telefon, Minibar, Safe etc. übernommen werden.

Findet das Event im Hotel selber statt, so stellt dies ideale Bedingungen dar. Bei den meisten Events ist das jedoch nicht der Fall, und so stellt sich die Frage, wie weit das Hotel vom Venue entfernt sein darf. Generell ist auf eine gute Anbindung (Autobahnnähe, öffentliche Verkehrsmittel, Bahnhof und Flughafen) sowie ausreichende Parkmöglichkeiten (Stellplätze, Tiefgarage) zu achten.

Achten Sie auf alle Fälle darauf, dass das Niveau des Hotels dem Event angemessen ist und für besondere Gäste auch besondere Räumlichkeiten zur Verfügung stehen.

14.9.3 Transfer

Ihre Gäste müssen von einem Punkt zum anderen kommen? Dafür bedarf es eines Shuttle-Services, der entweder auf Anfrage oder dauerhaft zwischen verschiedenen Punkten pendelt. Dieser Service kann von Anfang bis Ende des Events durchgehend beansprucht werden, was heißt, dass von der Anreise Ihrer Gäste bis zur Abfahrt Transportmittel zur Verfügung stehen müssen. Das heißt aber nicht, dass es sich zwangsläufig um ein Auto oder Bus handeln muss. Sehen Sie das Transportmittel als Teil des Events: Vielleicht bieten sich ein Boot, ein Hubschrauber, ein Zug oder eine Rikscha eher an. Ihrer Kreativität sind hier keine Grenzen gesetzt.

Damit Ihre Gäste oder Teilnehmer des Events problemlos zu den richtigen Transportmitteln finden, sollten Sie auf eine gute Beschilderung beziehungsweise Einweisung durch Hostessen achten. Nicht nur die Anfahrt zum Event selber, sondern ebenso die Anreise von Gästen sollte durch einen Shuttle-Service vereinfacht werden. Folgende Anfahrtspunkte sind dabei zu beachten:

- Flughafen
- Bahnhof
- Hotel
- Venue hin und zurück

14.9.4 Give-aways

Give-aways sind ebenfalls ein Teil der Kundenbetreuung. Sie runden das erlebte Event ab und geben dem Ganzen ein unvergleichliches Flair. Zudem verbleibt das Event länger positiv im Bewusstsein des Gastes.

Die besten Give-aways – sprich Kleinigkeiten, die den Gast oder Teilnehmer an das Event erinnern – sind solche, die ohne Aufforderung mitgenommen werden können. Zum Beispiel fordert eine DVD als Speisekarte getarnt den Gast geradezu auf, mitgenommen zu werden. Oder Sie überreichen jedem Gast beim Verlassen einen Präsentkorb, Produktproben, Blumen oder ähnliches. Solche Kleinigkeiten sind es, die den Gast das Event nicht so schnell vergessen lassen.

14.10 Bewerbung des Events

Es gibt viele Möglichkeiten, auf Ihr Event hinzuweisen und für dieses zu begeistern. Natürlich spielt hierbei die Art des Events eine entscheidende Rolle – dementsprechend wird die Werbung gestaltet. Handelt es sich bei dem Event beispielsweise um ein Promotion-Event zur Produktbewerbung, so reicht es unter Umständen aus, im Vorfeld Plakate an Ort und Stelle einzusetzen. Veranstalten Sie hingegen eine allgemeine Pressekonferenz, so genügt unter Umständen eine Pressemitteilung per E-Mail, die die Gäste über das Wesentliche aufklärt. Zur Anregung folgen die üblichsten Maßnahmen, um ein Event zu annoncieren:

- Plakat
- Flyer
- TV-Werbung
- Radiospot
- Anzeige
- Einladungsschreiben
- E-Mail Newsletter
- Pressemitteilung
- Homepage, Foren

Für welche Maßnahmen Sie sich letztendlich entscheiden, liegt in Ihrer Hand. Neben den wichtigen Informationen, die Sie vermitteln möchten, ist eine angemessene Gestaltung essentiell. Vielleicht kann dieser Werbeträger auch ausgefallenerer Art sein, sofern es das Event zulässt.

Bedenken Sie jedoch immer, dass mit Ankündigung des Events das Event bereits begonnen hat. Als Stichwort sei hier nur das Wort „Corporate Identity" genannt, also partizipiert auch die Einladung oder Bekanntgabe des Events am Gesamtkonzept.

Übrigens: Kooperationen mit Medienpartnern sind immer eine hilfreiche Unterstützung für jedes Event.

14.11 Gebühren und Abgaben

Im Laufe eines Events können zu den bereits erwähnten Gebühren durch Versicherungspolicen oder behördliche Genehmigungen noch weitere Abgaben anfallen wie z. B.:

• *GEMA*
Die GEMA verlangt Nutzungsrechte bei öffentlicher Darbietung von Musik. Mehr zum Thema finden Sie in Kapitel 19.
• *VG Bild-Kunst, VG Wort, GVL sowie weitere Verwertungsgesellschaften*
• *Künstlersozialkasse*
Hierzu finden Sie im Kapitel 20 ausführliche Informationen zur Ermittlung der Abgabenregelung.
• *„Ausländersteuer“*
Die so genannte Ausländersteuer kann dann anfallen, wenn Sie mit nicht in Deutschland ansässigen Künstlern arbeiten. Mehr dazu im Kapitel 21 „Ausländersteuer“.
• *Vergnügungssteuer*
Die Vergnügungssteuer betrifft den Veranstalter hauptsächlich bei Tanzveranstaltungen.

Des Weiteren fallen Abgaben insbesondere dann an, wenn Sie besondere Genehmigungen benötigen, die vom Venue selber nicht gedeckt werden. Solche können beispielsweise sein:

• TÜV-Abnahmen
• Gewerbeaufsicht
• Zollgebühren
• Sonderfahrgenehmigungen für LKW

14.12 Ex-ante-Evaluation

Eine Möglichkeit, optimale Ausgangsbedingungen vor Durchführung des Events zu ermitteln, stellt die Ex-ante-Evaluationsmethode dar, die Bestandteil Ihrer Eventüberwachung (Kapitel 14.4) sein sollte. Hierbei stellen Sie Ihre Ziele dem Ist-Zustand nach Beendigung der Planungsphase gegenüber und können feststellen, ob Sie gut für die Durchführung vorbereitet sind oder ob noch Änderungen oder Anpassungen vorzunehmen sind. Die Ex-ante-Evaluation umfasst ähnliche Messungspunkte, die Sie auch in Kapitel 16 „Nachbereitung“ finden.

15 Durchführung

Kundenakquise→Briefing/Re-Briefing→Konzept→Planung→ Durchführung →Nachbereitung

Jedes Event ist einzigartig. Auch wenn Sie bereits zum x-ten Male ein Event in diesem oder jenem Venue durchführen, so stellen sich Ihnen immer wieder neue Herausforderungen und Probleme, mit denen Sie konfrontiert werden. Nur eine optimale Vorbereitung kann das Risiko größerer Pannen reduzieren. Am Tag des Events zeigt sich dann, wie gut Ihre Vorbereitung war. An einem solchen Tag stehen alle beteiligten Personen unter starkem Druck. Nicht zuletzt geht es um den Ruf Ihres Kunden und auch um Ihren eigenen.

Wenn Sie bis zu diesem Zeitpunkt alles gemeistert, alle Hürden genommen haben, dann sollte Ihnen dieser Tag auch keine großen Schwierigkeiten mehr bereiten, denn jetzt können Sie Ihre Tauglichkeit als Eventmanager live unter Beweis stellen. Erinnern Sie sich noch an die persönlichen Eigenschaften eines Eventmanagers, die Ihnen die Arbeit ungemein erleichtern? Kommunikation, Ausdauer, Belastbarkeit, Organisations- und Improvisationsvermögen, Teamfähigkeit, Kreativität und Beharrlichkeit. Das sind die Eigenschaften, die Ihnen bereits in der Planungsphase geholfen haben. Nun müssen Sie auch am Eventtag selber zeigen, dass genau diese Eigenschaften auf Sie zutreffen.

Am wichtigsten an diesem Tag ist der bereits erstellte Programmablaufplan (siehe Kapitel 14.3). Alle beteiligten Personen sollten in ihre Aufgaben, Aufgabenbereiche sowie Arbeitszeit genauestens eingewiesen werden. Geben Sie so viele Informationen wie nötig, aber belasten Sie auf der anderen Seite unbeteiligte Personen nicht mit unnötigen Informationen.

Des Weiteren sollten Sie auf gute Beschilderungen zu Check-in-Büro, Garderobe, WC, Notausgängen, Erster Hilfe sowie auf die Beschilderung im möglichen Backstage-Bereich achten.

Hier eine Checkliste, die Ihnen am Eventtag helfen kann:

- Personal eingewiesen?
- Personal am Platz?
- Beschilderung vorhanden?
- Zahl der Sitzmöglichkeiten ausreichend?
- Optimale Anordnung der Stühle und Tische?
- Saal gereinigt?
- Kommunikation steht?
- Bühne überprüft?
- Notausgänge gut sichtbar?
- Einlassmusik und -beleuchtung stimmen?
- Pässe verteilt?

Bei der Durchführung des Events gibt es immer etwas zu tun. Auch bei bester Vorbereitung sollten Sie wissen, gibt es immer wieder Schwierigkeiten, Engpässe oder Missverständnisse.

Hier fehlt der Name eines Gastes auf der VIP-Liste, dort reist ein anderer einen Tag später an, das Essen geht aufgrund überraschender Teilnehmer aus, ein Künstler steckt im Stau oder das Wetter macht Ihnen einen Strich durch die Rechnung. Sie werden mitunter den ganzen Tag verhandeln, improvisieren und Schaden begrenzen.

Am Ende des Events, wenn alle Gäste das Venue verlassen, müssen Sie mitunter den Abbau der Bühne koordinieren, nicht mehr benötigtes Personal auschecken oder Dienstleister bezahlen.

16 Nachbereitung

Kundenakquise→Briefing/Re-Briefing→Konzept→Planung→Durchführun → Nachbereitung

Ein Event ist ein Projekt, das nicht mit der Durchführung endet, sondern mit Feedback und einer ordentlichen Nachbereitung. Denn erst wenn alle Rechnungen beglichen und alle Personalstunden erfasst sind, lassen sich durch eine letzte Kalkulation alle gesamten Kosten feststellen.

Falls möglich, lässt sich unmittelbar nach dem Event eine Qualitätskontrolle in Form von Fragebögen oder persönlichen Befragungen durchführen. Damit überprüfen Sie, ob die Besucher des Events zufrieden waren und was ihnen wiederum fehlte. Diese Befragung ist Teil Ihrer Erfolgskontrolle, des Soll-Ist-Vergleichs: Dabei stellen Sie die in der Planungsphase aufgestellten Ziele auf und ermitteln deren Erreichungsgrad. Die Erfolgskontrolle erfordert demnach eine gute Dokumentation und kann als Basis für weitere Evaluationen dienen. Evaluationen können unmittelbar nach dem Event durchgeführt werden, aber auch erst nach einem bestimmten Zeitraum, um die langfristige Wirkung zu ermitteln (Ex-Post-Evaluation). Zudem ist ein Event auch erst – gemäß dem bereits in Kapitel 4.6 „Kommunikationspolitik" besprochenen erweiterten Kommunikationsmodell – mit dem notwendigen Feedback abgeschlossen: Hat es Ihrem Kunden gefallen? Sind Ihr Personal und Ihre Dienstleister mit dem Ablauf zufrieden? Sprechen Sie ausgiebig über Verbesserungsmöglichkeiten und halten Sie diese für kommende Aufträge fest.

Im Anhang befindet sich ein Eventprotokoll, das, auf Ihre individuellen Bedürfnisse angepasst, eine kurze Gesamtübersicht über das Event gibt. Hier gilt es, alle auch von Ihnen notierten angefallenen Probleme festzuhalten. Bei späteren vergleichbaren Events können Sie dann jederzeit auf diese Protokolle zurückgreifen und Fehlerquellen im Vorfeld minimieren.

17 Fehlerquellen

Im Laufe der Planungs- und Durchführungsphase eines Events kommt es häufig zu Fehlern, die es zu vermeiden gilt. Nachfolgend gehen wir auf die typischsten Fehlerquellen ein.

Kommunikationsprobleme
Ursache vieler Fehler und letztendlich für den Misserfolg eines Events ist mangelnde Kommunikation. Dies äußert sich darin, dass Ihr Auftraggeber falsch im Bilde ist, Mitarbeiter in ihren Arbeitsgebieten unsinnig eingesetzt wurden oder andere für Sie arbeitende Dienstleister falsche Informationen erhalten haben. Das heißt – um es mal theoretisch zu betrachten – wenn Sie Informationen weitergeben, kann es immer zu Verlusten auf der Strecke zwischen Sender und Empfänger kommen. Hier sind klare Vorgaben und Aussagen Ihrerseits gefordert.

Mangelnde Beweislast
Anknüpfend an den vorangegangenen Punkt: Sollte es zu einem Rechtsstreit kommen, sind mündliche Vereinbarungen schwer nachvollziehbar und beweisbar. Aus diesem Grund allein sollten Sie alles in Vertragsform festhalten und nachträgliche Änderungen ebenfalls schriftlich fixieren. Nicht nur aus rechtlichen Gründen bietet sich ein solches Vorgehen an, sondern auch um stets den Überblick über sich ändernde Vereinbarungen zu bewahren.

Zeit
Ebenso eine Quelle vieler Fehler ist mangelnde Zeit. Planen Sie daher gerade zu Beginn Ihrer Tätigkeit als Eventmanager immer ausreichend viel Zeit ein. Nach und nach bekommen Sie dann ein Gefühl für den Zeitbedarf von Abläufen und können noch effektiver koordinieren und arbeiten.

Absage von Künstlern

Leider passiert es von Zeit zu Zeit, dass Künstler gerade am Tag Ihres Events krank werden. Rechtlich gesehen, die Entschädigung etc. betreffend, ist entscheidend, was vertraglich festgehalten wurde. Organisatorisch gesehen stellt dies natürlich – je nach Relevanz des künstlerischen Auftritts für das Event – eine Katastrophe dar. Je kurzfristiger eine solche Absage erfolgt, desto schwieriger wird es, einen adäquaten Ersatz zu finden. Möglicherweise greift hier Ihre Versicherung (Kapitel 9.3).

Kapazitäten

Stellen Sie sich vor, es kommen wesentlich mehr Gäste, als Plätze verfügbar sind. Was für Ihren Auftraggeber unter Umständen höchst erfreulich ist, kann für Sie Probleme verursachen. Hin und wieder sind auch Angaben über Personenkapazitäten von Venues fehlerhaft, und manchmal wurden einfach zu wenig Stühle organisiert. Was auch immer die Ursache ist, hier heißt es so schnell wie möglich handeln und das Problem beseitigen.

Wetter

Das Wetter ist einer der entscheidendsten aber auch unbestimmbarsten Faktoren für ein Event. Selbstredend sollten Sie sich im Vorfeld bei Wetterdiensten Informationen über die Lage einholen. Zwar können Sie das Wetter nicht ändern, aber optimale Vorbereitungen lassen sich treffen. Bei einem Open-Air-Event bietet es sich an, immer ausreichend wetterfeste Zelte aufbauen zu lassen. Stellen Sie an kühlen Sommerabenden Heizstrahler auf, damit sich die Gäste draußen aufhalten können, rüsten Sie Chauffeure an ungewissen Apriltagen mit Regenschirmen aus und lassen Sie Hostessen an eisigen Wintertagen am Check-in Taschentücher (vielleicht auch mit dem Logo des Events) verteilen. Solche Kleinigkeiten sind es, die dafür sorgen, dass sich Ihre Gäste wohlfühlen.

Technische Probleme

Zwar ist die Technik für Sie als Eventmanager nicht Ihr Metier, dennoch haben Sie die komplette Verantwortung für das Event. Insofern achten Sie darauf, dass Sie mit professionellen Dienstleistern arbeiten, die auf solche Fehler auch professionell vorbereitet sind.

Catering

Das Catering ist das A und O eines Events. Wenn das Essen nicht schmeckt, laufen Ihnen die Gäste davon, und alle, die es nicht tun können, wie Ihre Mitarbeiter, verfallen in schlechte Laune. Am Catering zu sparen kann das ganze Event gefährden. Auch hierbei ist es, wie auch schon im technischen Bereich, erforderlich, mit erfahrenen und professionellen Dienstleistern zu arbeiten.

Personal

Auf eine genaue Einweisung des Personals in seine Arbeitsgebiete, seine Aufgaben und Arbeitszeit müssen Sie achten. Leider überschätzen immer wieder Mitarbeiter ihre Kompetenzen und handeln in Eigenregie. Bei größeren Personalstämmen ist es daher hilfreich, Teamleiter zu bestimmen, die gleichzeitig Ihre Ansprechpartner bei Problemen sind.

Security

Falls Sie Securities benötigen, sollten diese sich optisch dezent in das Bild des Events einfügen. Securities sollten sachgemäß mit Störenfrieden umgehen, was für den reibungslosen Verlauf des Events notwendig ist.

Fehlende Genehmigungen

Leider passiert es, dass Genehmigungen zu spät beantragt oder schlichtweg vergessen wurden. Kalkulieren Sie immer ausreichend Zeit ein, denn oft kann ein behördlicher Weg ziemlich lang sein und viele Steine beherbergen.

Schlechte Betreuung

Eine unzureichende oder schlechte Betreuung von VIPs oder Künstlern sowie allgemein Ihrer Gäste kann unmittelbar eine schlechte Stimmung erzeugen. Leider sind sich diese Gruppen ihrer Verantwortung bewusst und handeln demzufolge auch gelegentlich unkooperativ.

Schwaches Konzept

Ein farbloses Konzept ohne eigene Identifikation, ohne Spannung oder Ausgefallenheit wird ein Event zum Misserfolg machen. Events sind etwas Besonderes und sollen dies auch im Ablauf durch Spannung und Professionalität dem Publikum vermitteln. Investieren Sie viel Zeit in das Konzept, denn wenn Sie erst einmal alles auf Papier festgehalten haben, dann lassen sich Ideen wesentlich einfacher umsetzen.

Unzufriedenheit des Auftraggebers

Eine grundlose Unzufriedenheit Ihres Auftraggebers mit dem Event sollte nicht vorkommen. Vielmehr kann Unzufriedenheit aus den oben genannte Punkten resultieren. Erörtern Sie diese miteinander, denn letztlich soll auch Ihr Auftraggeber ein gutes Gefühl haben, wenn er später an das von Ihnen organisierte Event denkt und Sie für das nächste Event engagieren.

TEIL III
Wissenswertes für den Eventmanager

18 Versammlungsstättenverordnung (VStättVO)

Wie schon in Kapitel 14.6.9 „Sicherheit, Behörden und Brandschutz“ angesprochen, ist für Sie als Eventmanager die Einhaltung der Sicherheitsbestimmungen der VStättVO Pflicht. Unter www.versammlungsstaettenverordnung.de finden Sie die jeweils aktuell gültige VStättVO für das entsprechende Bundesland, in dem das Event stattfindet. Unter anderem sind dort folgende Vorschriften geregelt:

- Bauvorschriften
- Beschaffenheit von Bauteilen und Baustoffen
- Rettungswege
- Besucherplätze
- technische Anlagen und Einrichtungen
- Brandverhütung
- verantwortliche Personen

19 GEMA

Die GEMA (Gesellschaft für musikalische Aufführungs- und mechanische Vervielfältigungsrechte) verwaltet als staatlich anerkannte Treuhänderin die Nutzungsrechte der Musikschaffenden.

Ihre Hauptaufgabe liegt in der „Vermietung“ von Rechten zur Musiknutzung. Die erzielten Lizenzbeiträge werden an die Komponisten, Textdichter und Musikverleger weitergeleitet. Da es sich bei der GEMA um einen wirtschaftlichen Verein handelt, werden keine Gewinne erzielt.

Alle Einnahmen werden nach Abzug der Verwaltungskosten an die Urheber, deren Werke aufgeführt wurden, im Verhältnis der aufgeführten Werke ausgeschüttet. Wer Musik nutzt, muss eine Nutzungsgebühr an die GEMA entrichten. Diese Nutzungsgebühr fällt bei verschiedenen Nutzungsbereichen an. Diese sind bei der GEMA in zwölf Hauptbereiche unterteilt:

- Aufführung (Live-Musik)
- Wiedergabe von Tonträgern und Bildtonträgern
- Wiedergabe von Funksendungen
- Filmvorführungen
- Weiterübertragung von Musik
- Vervielfältigung auf Tonträgern und deren Verbreitung
- Vervielfältigung auf Bildtonträgern und deren Verbreitung
- Herstellung von Bildtonträgern (Nutzungsrecht für Masterband/ Nullkopie ohne Vervielfältigung)
- Sendung von Musik
- Import von bespielten Tonträgern
- Vermieten und Verleihen von bespielten Tonträgern und Bildtonträgern
- Online-Bereich

Die GEMA arbeitet mit anderen nationalen Verwertungsgesellschaften eng zusammen (z. B. VG Wort, VG Bild-Kunst, GVL u. a.).

Auf internationaler Ebene arbeitet die GEMA mit Urheberrechtsgesellschaften für die Bereiche Musik, Literatur, bildende Künste und Film aus 90 Ländern zusammen. Diese Vereinigung der Gesellchaften nennt sich CISAC (Confédération Internationale des Sociétés d'Auteurs et Compositeurs). Somit ist garantiert, dass weltweit alle eingespielten Lizenzgebühren bei der richtigen Verwertungsgesellschaft landen.

Vereinfachtes Beispiel: Ein deutscher Künstler tritt in Frankreich auf. Der dortige Veranstalter führt die Lizenzgebühren an die französische Verwertungsgesellschaft SACEM ab. Die SACEM wiederum führt die Einnahmen an die GEMA ab. So erhält der deutsche Künstler auch bei Auslandsauftritten seine Vergütung. Aktuelle Informationen und Gebührensätze finden sich auf der Homepage der GEMA unter www.gema.de.

20 Künstlersozialkasse (KSK)

Die Künstlersozialkasse bietet selbstständigen Künstlern und Publizisten sozialen Schutz in der Kranken-, Pflege- und Rentenversicherung. Da der Gesetzgeber diesen Personenkreis mit Arbeitnehmern gleichstellt, ist die Finanzierung ähnlich wie bei festen Anstellungsverhältnissen. Sie zahlen wie Arbeitnehmer 50 Prozent der Sozialversicherungsbeiträge, die andere Hälfte zahlt die KSK.

Die finanziellen Mittel für die restlichen 50 Prozent entstammen den Beiträgen der Verwerter (Unternehmen, die künstlerische und publizistische Leistungen innerhalb der Bundesrepublik Deutschland in Anspruch nehmen und verwerten) und einem Zuschuss des Bundes. Letztgenannter trägt auch die Verwaltungskosten der KSK. Somit sind weder die Versicherten noch die Abgabepflichtigen an diesen Kosten beteiligt. Folgende Darstellung verdeutlicht die Verteilung:

- 50 % = Versicherungsbeiträge
- 30 % = Künstlersozialabgabe
- 20 % = Zuschuss des Bundes

Nach § 24 Künstlersozialversicherungsgesetz (KSVG) sind alle abgabepflichtigen Unternehmer und solche, die regelmäßig Entgelte an Künstler und Publizisten zahlen, verpflichtet, sich selbst bei der KSK zu melden. Dies erfolgt formlos per E-Mail, Fax oder Brief, aber auch telefonisch.

Künstlersozialkasse
Gökerstraße 14
26384 Wilhelmshaven
Telefon: 0 44 21 / 97 34 05 15 00
(Montags bis freitags von 9:00 bis 16:00 Uhr)
Telefax: 0 44 21 / 75 43 - 711
auskunft@kuenstlersozialkasse.de
www.kuenstlersozialkasse.de

Diese Meldung sollte umgehend erfolgen, da seit 2008 im Rahmen der Betriebsprüfungen der Finanzämter häufiger und flächendeckender Unternehmen auf ihre Abgabepflicht hin geprüft werden. Unternehmen, die dieser Meldung nicht nachkommen, werden von der KSK nach branchenspezifischen Durchschnittswerten geschätzt, was zum Nachteil für Ihre Agentur geschieht. Zudem ist die Melde- und Aufzeichnungspflicht gesetzlich verankert, und ein Verstoß stellt somit eine Ordnungswidrigkeit dar.

Die Meldung aller gezahlten Entgelte eines Jahres an selbstständige Künstler und Publizisten muss bis zum 31.3. des Folgejahres geleistet werden.

So berechnet sich der Abgabesatz
Zum 30.9. eines jeden Jahres wird der Abgabesatz für das Folgejahr vom Bundesministerium für Arbeit und Soziales festgelegt.

Für 2010 beläuft sich der Abgabesatz auf 3,9 Prozent. Für 2011 beträgt der Abgabesatz ebenfalls 3,9 Prozent.

Da Sie als Eventmanager zum Kreis abgabepflichtiger Unternehmer gehören, müssen Sie auf alle an selbstständige Künstler und Publizisten gezahlten Entgelte diesen Abgabesatz berechnen. Hierbei handelt es sich um Aufwendungen, die Sie als Unternehmer tätigen, um das künstlerische Werk oder die Leistung zu nutzen und zu erhalten.

Diese Aufwendungen sind Gagen, Honorare, Tantiemen, Lizenzen, Ankaufspreise, Zahlungen aus Kommissionsgeschäften, Sachleistungen, Ausfallhonorare, freiwillige Leistungen zu Lebensversicherungen, Pensionskassen oder andere Formen der Bezahlung. Hierzu gehören auch Auslagen wie Telefon- und Frachtkosten sowie Nebenkosten für Materialien, Hilfskräfte etc., die dem Künstler vergütet werden.

Nicht zur Bemessungsgrundlage und somit abgabefrei sind:

- die in einer Rechnung oder Gutschrift gesondert ausgewiesene Umsatzsteuer des selbständigen Künstlers oder Publizisten
- Zahlungen an urheberrechtliche Verwertungsgesellschaften
- Zahlungen an juristische Personen des privaten oder öffentlichen Rechts (GmbH, AG, e. V., öffentliche Körperschaften, Anstalten etc.), sofern diese im eigenen Namen handeln
- Reisekosten, die dem Künstler/Publizisten im Rahmen der steuerlichen Freigrenzen erstattet werden
- seit 1.7.2001 auch andere steuerfreie Aufwandsentschädigungen (z. B. für Umzugskosten, Mehraufwendungen bei doppelter Haushaltsführung oder Fahrten zwischen Wohnung und Arbeitsstätte) im Rahmen der steuerlichen Grenzen sowie die so genannte Übungsleiterpauschale (seit 2007: max. 2.100 EUR/Jahr), die von öffentlich-rechtlichen Institutionen und anerkannten gemeinnützigen, mildtätigen und kirchlichen Einrichtungen an nebenberuflich tätige Ausbilder, Übungsleiter, Chorleiter und Dirigenten gezahlt wird

Wer ist abgabepflichtig bei Beteiligung mehrerer Unternehmen?
Oft sind bei der Aufführung eines Künstlers mehrere Unternehmen, z. B. Management, Bookingagentur, Tourneeveranstalter und Eventmanager beteiligt. Somit stellt sich die Frage, welches dieser Unternehmen für die Entrichtung der Künstlersozialabgabe zuständig ist. Generell ist die Künstlersozialabgabe nur einmal zu zahlen.

Die Abgabepflicht liegt grundsätzlich bei dem Unternehmen, das direkten vertraglichen Kontakt zum Künstler hat. Die vertragliche Abwälzung der Künstlersozialabgabe ist gegenüber der KSK unwirksam, da im KSVG die Abgabepflicht konkret geregelt ist.

Allerdings gibt es auch einige Ausnahmen:

- Handelt ein abgabepflichtiges Unternehmen als Vertreter im Namen und Auftrag des Künstlers, so kommt ein Vertrag direkt zwischen Künstler und Vertragspartner zustande. Da Sie als Eventmanager ein abgabepflichtiges Unternehmen führen, sind Sie zur Meldung und Zahlung der Abgabe verpflichtet.
- Wird ein Unternehmen nur als Vermittler tätig, das heißt, ist es nicht im Vertragsprozess, z. B. durch Unterschrift, oder im Organisationsablauf beteiligt, so ist dieses Unternehmen nicht abgabepflichtig.

Im Falle von Verträgen mit ausländischen Produktionsgesellschaften, die in der Regel nicht abgabepflichtig sind, sind zwei verschiedene Arten der Vertragsgestaltung zu beachten:

- Handelt der ausländische Unternehmer im eigenen Namen, so ist der Betrag zu melden, den dieser unmittelbar an den Künstler zahlt.
- Handelt der ausländische Unternehmer im Namen des Künstlers, so ist die gesamte Vertragssumme zu melden.

Folgende Vertragsklauseln sprechen für eine Vertretung durch den ausländischen Unternehmer:

- per procura
- pp. oder ppa.
- for and behalf of
- for services of
- f.s.o. oder f/s/o

21 „Ausländersteuer“

Die Ausländersteuer (richtig: „beschränkt steuerpflichtige Einkünfte“ nach § 49 ff. EStG) ist ein wichtiger Kalkulationsfaktor bei Verpflichtungen von Künstlern, Sportlern oder darbietenden Unterhaltern (im Folgenden nur noch Künstler genannt), deren Wohnsitz oder gewöhnlicher Aufenthalt nicht in Deutschland ist. Greift also die Ausländersteuer bei einem von Ihnen engagierten Künstler, so sind Sie dazu verpflichtet, einen Teil der Gage einzubehalten und an das deutsche Finanzamt abzuführen. Dieser Steuerabzug ist in § 50 EStG geregelt und wurde 2009 reformiert.

Wie Sie sehen, bezieht sich die Besteuerung nicht auf Ausländer – was der Titel irrtümlicherweise vermuten lässt – sondern auf im Ausland lebende Personen, die Einnahmen in Deutschland erzielen.

Beispiel: Ein in Mexiko lebender Künstler gibt in Ihrem Auftrag einen Auftritt in Deutschland. Dann sind Sie verpflichtet die Einkommensteuer einzubehalten und an das Finanzamt abzuführen.

Das Gesetz unterscheidet zwischen den Begriffen „Steuerschuldner“ und „Haftungsschuldner“. Der Steuerschuldner – der im Ausland lebende Künstler – schuldet dem Finanzamt die Einkommenssteuer, der Haftungsschuldner sind Sie. Sie sind dazu verpflichtet, die Einkommensteuer von der Gage einzubehalten und an das Finanzamt abzuführen.

• *Vergütungsart*
Wichtig für die Besteuerung ist die Festsetzung der mit dem Künstler vereinbarten Vergütungsart. Dabei wird zwischen der Brutto- und der Nettovergütung unterschieden. Bei der Bruttovergütung behalten Sie als Haftungsschuldner die Steuer von der vereinbarten Gage ein und zahlen dem Künstler nur die Differenz nach Abzug der Steuern aus. Bei dieser Berechnung der Steuerschuld gelten die Einnahmen als Bemessungsgrundlage. Betriebsausgaben, die dem Künstler durch das Engagement entstanden sind, können sich nicht steuermindernd auswirken.

Bei der Nettovergütung müssen Sie eine so genannte Rückrechnung durchführen, da Sie dem Künstler die vereinbarte Gage in voller Höhe auszahlen. Diese Vergütungsart ermöglicht bei höherem Steuersatz den Abzug von Betriebsausgaben. So sinkt die Bemessungsgrundlage oft um ein Erhebliches.

• *Steuersatz*
Mit Änderung des § 49 EStG im Jahr 2009 wird steuerlich nicht mehr zwischen einer künstlerischen und einer unterhaltenden Darbietung unterschieden. Zuvor galt die unterhaltende Darbietung nicht als steuerpflichtig.
Für beide Darbietungsarten und einer Bruttovergütung gilt nun die pauschale Besteuerung nach folgender Aufstellung:

Brutto-Einnahmen	Steuersatz	effektiver Steuersatz (inkl. Soli)
bis 250 EUR	0 %	0,00 %
über 250 EUR	15 %	15,825 %

Zudem wird die errechnete Steuer mit dem Solidaritätszuschlag von 5,5 Prozent besteuert. Daraus ergibt sich oben genannter effektiver Steuersatz.

• *Besteuerungsart*
Generell wird zwischen der Nettobesteuerung und der Bruttobesteuerung unterschieden. Bei der beschränkten Steuerpflicht gibt es bei Wahl der üblichen Bruttovergütung keine steuermindernden Abzüge. Die Einnahme (also der Umsatz) wird pauschal mit dem Steuersatz von 15 Prozent (zzgl. Solidaritätszuschlag) besteuert, sofern diese über 250 EUR liegt. Die Nettovergütung hingegen erkennt Abzüge wie Betriebskosten, die im unmittelbaren Verhältnis mit dem Auftritt stehen, an. So mindert sich die Bemessungsgrundlage und lediglich der Gewinn wird mit einem höheren Steuersatz besteuert.

Eine weitere Änderung trat im Jahr 2009 ein: Reisekosten und Tagegelder, die bislang in die Bemessungsgrundlage einbezogen wurden, fallen seitdem in der Regel weg. Abhängig von den Betriebskosten eines jeden Künstlers also gestaltet sich die Wahl der Besteuerungsart und damit die Höhe der Steuern. Diese Wahl besteht jedoch nur bei Verpflichtung von Steuerpflichtigen aus EU-Staaten oder Staaten, auf die das Abkommen über den Europäischen Wirtschaftsraum Anwendung findet (§ 50a EStG).

Beispiel 1 (Bruttobesteuerung): Ein Künstler erhält eine Brutto-Gage von 10.000 EUR und trägt unmittelbar das Event betreffende direkte Ausgaben wie Anreise in Höhe von 3.000 EUR selber. Diese wirken sich nicht Steuer mindernd auf die Bemessungsgrundlage aus. Die Bemessungsgrundlage, also das zu versteuernde Einkommen, beläuft sich nach wie vor auf die Einnahmen von 10.000 EUR.

Beispiel 2 (Nettobesteuerung): Gleiche Voraussetzungen wie bei vorherigem Beispiel, jedoch wird die Steuer nach der Nettobesteuerung berechnet. Die entstandenen Kosten von 3.000 EUR für die Anreise wirken sich steuermindernd aus. Damit sinkt die Bemessungsgrundlage auf 7.000 EUR, ein höherer Steuersatz findet Anwendung.

Berechnung der Steuerschuld bei Bruttobesteuerung und Bruttovergütung:
Die Steuerschuld errechnet sich nach folgender Formel:
Brutto - Einnahmen x Steuersatz = Steuerschuld

Die Gesamtsteuerschuld beläuft sich auf:
Steuerschuld x Solidaritätszuschlagssatz = Gesamtsteuerschuld

Wichtig: Der Solidaritätszuschlag wird nicht auf die Brutto-Einnahmen erhoben, sondern auf die Steuerschuld.

Beispiel: Bruttovergütung: 10.000 EUR
Steuersatz: 15 %
Solidaritätszuschlag: 5,5 %

10.000 EUR x 15 % = 1.500 EUR (Steuerschuld)
1.500 EUR x 5,5 % = 82,50 EUR (Solidaritätszuschlag)
1.500 EUR + 82,50 EUR = 1.582,50 EUR (Gesamtsteuerschuld)

Es kann auch der effektive Steuersatz (inkl. Solidaritätszuschlag) angewendet werden:

10.000 EUR x 15,825 % = 1.582,50 EUR (Gesamtsteuerschuld)

Berechnung der Steuerschuld bei Bruttobesteuerung und Nettovergütung:
Bei Nettovergütung des Künstlers, jedoch einer Bruttobesteuerung seines Einkommens, muss zunächst die (fiktive) Bruttovergütung errechnet werden, die als Bemessungsgrundlage auch für die Nettovergütung gilt. Diese Rückrechnung wird nach folgenden Sätzen durchgeführt:

Steuersatz	Effektiver Steuersatz
0 %	0 %
15 %	18,80 %

Beispiel: Nettovergütung: 10.000 EUR
Effektiver Steuersatz (inkl. Soli): 18,80 %
10.000 EUR x 18,80 % = 1.800 EUR (Gesamtsteuerschuld)

Unterschiede bei Netto- und Bruttovergütung

	Bruttovergütung	**Nettovergütung**
Gage	10.000 EUR	10.000 EUR
effektiver Steuersatz	15,825 %	18,80 %
Steuerschuld	1.582,50 EUR	1.880 EUR
Auszahlung an Künstler	8.417,50 EUR	10.000 EUR
Ihre Gesamtkosten	10.000 EUR	11.880 EUR

Berechnung der Steuerschuld bei Nettobesteuerung
Trifft eine der oben erwähnten Bedingungen auf den von Ihnen engagierten Künstler zu (z. B. Steuerpflichtiger eines EU-Staates), so kann wahlweise die Nettobesteuerung durchgeführt werden.

Beispiel: Nettovergütung: 10.000 EUR
Ausgaben: 3.000 EUR
Steuersatz: 30 %
Bemessungsgrundlage: 7.000 EUR

7.000 EUR x 30 % = 2.100 EUR (Steuerschuld)
2.100 EUR x 5,5 % = 115,50 EUR (Solidaritätszuschlag)
2.100 EUR + 115,50 EUR = 2.215,50 EUR (Gesamtsteuerschuld)

Bei nicht natürlichen Personen wie zum Beispiel Körperschaften oder Personengesellschaften beträgt der Steuersatz lediglich 15 %.

22 Technik für Eventmanager

Als Eventmanager müssen Sie natürlich kein Techniker sein. Bei technischen Anfragen von Künstleragenturen oder bei der Inszenierung Ihres Events ist es jedoch von Vorteil, wenn Sie mit den gängigsten Begriffen vertraut sind. Hierbei hilft Ihnen auch das sich im Anhang befindliche Glossar.

22.1 Licht und Effekte

Im Bereich der Lichttechnik kommen verschiedene Typen von Scheinwerfern mit unterschiedlichen Eigenschaften zum Einsatz. Die gängigsten sind:

- *Fluter*
  Der wohl bekannteste Scheinwerfer zur Ausleuchtung großer Flächen.
- *Verfolger*
  Gerade im Theaterbereich häufig genutzt zum gezielten Beleuchten einzelner Objekte oder Personen.
- *Scanner*
  Ein Scanner eignet sich wunderbar, um Schriftzüge zu projizieren oder Effekte zu erzeugen. Dabei kann sich der Lichtstrahl in einem gewissen Radius und mit stufenlos regelbarer Geschwindigkeit bewegen.
- *PAR-Scheinwerfer*
  Ein Scheinwerfer mit einfachem Metallgehäuse, zumeist zur punktuellen Beleuchtung. Häufig mit Farbfolie im Einsatz.
- *Stroboskop*
  Scheinwerfer mit Blitzlichteffekt.
- *Nebelmaschine*
  Gerät zur Entwicklung von Nebel, das je nach Betriebsstoff (Öl, Wasser, Trockeneis) unterschiedliche Effekte erzielen kann.

Bei aufwändigen Lichtproduktionen werden Scheinwerfer und Effekte per Mischpult gesteuert. Auch Computer kommen hierbei zum Einsatz, um Position, Intensität, Effektart, Farbe, Schnelligkeit, Richtung etc. der eingesetzten Scheinwerfer zu speichern und in einen Ablauf zu bringen.

22.2 Audio

Zur ordnungsgemäßen Beschallung eines Events bedarf es einer so genannten PA-Anlage. Aber nicht nur Zuhörer benötigen Lautsprecher, um Redner oder Künstler hören zu können, auch die Personen auf der Bühne brauchen Beschallung, das sogenannte Monitoring. Beim Monitoring erhält man auf der Bühne eine eigene Abmischung der Audiosignale. Das erfolgt durch auf die entsprechende Person gerichtete Monitorboxen, die entweder hängen oder in Form von Fußmonitoren auf der Bühne stehen. Bei sehr komplexen Einsätzen gibt es ein so genanntes In-Ear-Monitoring, das heißt, die jeweilige Person erhält einen Empfänger, der direkt im Ohr sitzt.

23 Anhang

23.1 Kontaktdatenblatt

Dieses Deckblatt zur einfachen Übersicht über die wichtigsten Informationen und Kontaktdaten hat kein Anrecht auf Vollständigkeit. Da jedes Event individuelle Herausforderungen und Ansprüche stellt, sollte dieses Blatt als Anregung gedacht sein.

Fakten	Info
Event	
Datum	
Kunde	
Projektleiter	
Ort	
Venue	
Erwartete Teilnehmerzahl	
Motto	
Kurzbeschreibung/Art	

Ansprechpartner	Name	Funktion	Tel. 1	Tel. 2	E-Mail	Fax	Adresse
Kunde							
Projektmanager							
Projektmanager 2							
Venue							
Bühnenbau							
Audio							
Video							
Moderator							
Catering							
Presse							
Druckerei							
Hostessenservice							
Hotel							
Transportservice							
ÖPNV							
GEMA							

23.2 Eventprotokoll

Fakten	Info
Event	
Datum	
Kunde	
Projektleiter	
Ort	
Venue	
Teilnehmerzahl	
Motto	
Kurzbeschreibung/Art	
Gewinn	

Bewertung	Info
Venue	
Catering	
PA	
Licht	
Security	

Allgemeine Beschreibung/Besonderheiten

23.3 Venue-Checkliste

Frage	Antwort
• Kapazität	
• Charakter	
• Passt das Venue zur Veranstaltung?	
• Erreichbarkeit	
- per Auto	
- per ÖPNV	
- Parkmöglichkeiten	
- Hotelnähe	
• Anlieferung	
- Laderampe für LKW	
- Ladeweg Catering	
- Aufzug vorhanden	
- Maße der Türen	
• Maße des Venues	
• Riggingpunkte	
• Deckenbelastung	
• Bodenbelastung	
• Strom	
• Verdunkelung des Raums möglich	
• Bauliche Probleme	
• Bühne vorhanden? Wenn ja, Maße, Höhe, Lichte Höhe, Vorhang	
• Technik vorhanden/evtl. Vertragsbindung mit Technikfirma	
• Cateringfirma vorhanden/evtl. Vertragsbindung mit Cateringfirma	
• Projektionsfläche	
• Akustik	
• etabliertes Venue	
• Räumlichkeiten	
- Catering	
- Produktionsbüro	
- Backstageräume für Künstler	
• Bestuhlung von Haus aus möglich	
• Ausreichende Anzahl an Notausgängen sowie Kennzeichnung von Fluchtwegen	
• Auflagen zum Brandschutz	
• Haustechniker vorhanden	

Glossar

Back-Drop
Leinwand oder Vorhang zur räumlichen Abtrennung der Bühne, der auch als Projektionsfläche genutzt wird.

Backline
Der Begriff Backline umfasst die gesamte Ausrüstung eines Künstlers.

Backstage
Der Backstage-Bereich (deutsch = Hinterbühne) bezeichnet, wie die Übersetzung besagt, die Räumlichkeiten und den Platz hinter der Bühne, der nur Mitarbeitern und Künstlern, teils auch VIPs zur Verfügung steht.

Booker
Ein Booker (deutsch = buchende Person) bucht eine Band oder einen Künstler an verschiedene Veranstalter. Er hat dabei die Aufgabe, den Kontakt zu halten und vorgegebene Termine einzuhalten.

Bookingagentur
Bookingagenturen vermitteln Künstler für einen Auftritt bei Ihrem Event.

Break-even-point
Der Break-even-point (deutsch = Kostendeckungspunkt) wird errechnet, um festzustellen, ab welchem Punkt die Kosten gedeckt werden und Sie somit in die Gewinnzone kommen.

Buy-out
Als Buy-out (deutsch = Auszahlung) wird die Auszahlung von Geld insbesondere im Catering bezeichnet. Beispielsweise verzichten einige Künstler auf Verpflegung und möchten stattdessen eine Pauschale ausgezahlt bekommen.

Catering

Auf das Catering (deutsch = Verpflegung) bei Veranstaltungen haben sich viele Cateringfirmen spezialisiert. Gutes Catering trägt unmittelbar zum Erfolg Ihres Events bei.

Change over

Der Change over (deutsch = Wechsel) bezeichnet den Zeitraum des Wechsels, in dem Helfer die Bühne für nachfolgende Aktionen umbauen.

Curfew

Als Curfew (deutsch = Sperrstunde) bezeichnet man den Zeitpunkt, zu dem der Abbau beendet ist.

Delay

Den Begriff Delay (deutsch = Verzögerung) benutzt man im technischen Bereich sowie im Programmablauf. Im Erstgenannten bezeichnet es die gewünschte Verzögerung des Tonsignals vom Ausschlag bis zur Ausgabe. Ein typischer Effekt ist zum Beispiel ein Echo. Während des Programmablaufs spricht man von Delay, wenn der vorgegebene Zeitrahmen nicht eingehalten wird.

Doors open

Der Einlass für die Gäste wird als Doors open, kurz Doors bezeichnet.

Flyer

Der Flyer (deutsch = Handzettel, Flugblatt) ist ein sehr beliebtes und günstiges Werbemittel, das seine Zielgruppe gut erreicht.

FOH

FOH steht für „Front of house" (deutsch = Hausfront) und bezeichnet den Platz, an dem Techniker den Sound für das Publikum mischen. Man spricht dabei vom so genannten FOH-Mix. Demzufolge befindet sich das FOH auch immer inmitten des Publikums.

Get In
Mit Get In (deutsch = einsteigen) wird das Auflaufen der Crew am Venue bezeichnet.

Give-aways
Give-aways (deutsch = mitgeben) sind Artikel, die wie Merchandise noch längere Zeit an das Event erinnern sollen.

Ground Support
Mit dem technischen Begriff Ground Support (deutsch = Bodenunterstützung) bezeichnet man Platten, die das Gewicht von Traversen und anhängenden Elementen zur Stabilisierung des Bodens auf eine größere Fläche umverteilen. Dies ist ein wichtiges Element, da auch ein Boden nur eine begrenzte Tragfähigkeit hat.

Lichte Höhe
Als lichte Höhe bezeichnet man den Abstand von der Bühne bis zur Decke.

Merchandise
Merchandise (deutsch = Handelsartikel) sind Artikel wie z. B. T-Shirts, Pullover, Poster, Feuerzeuge, Mützen etc. die als Teil der Promotion zu sehen sind.

Monitoring
Das Monitoring (deutsch = Überwachung, Beobachtung) bezeichnet den Soundmix, den man auf der Bühne erhält. Befinden sich mehrere Personen auf der Bühne, so erhält jede eine individuelle Abmischung. Häufig wird das so genannte In-Ear-Monitoring verwendet, bei dem der Sound über einen Knopf im Ohr zu hören ist. Beim „klassischen“ Monitoring werden Boxen auf die zu beschallende Person gerichtet.

Multicore
Das Multicore ist ein dickes Verbindungskabel, dass mehrere Kabelstränge (meist zum Mischpult gehend) unter einem Schutzmantel trägt.

Nightliner
Nightliner sind große Busse, die für Bands und Crew Schlafmöglichkeiten bieten. Es gibt so genannte Single- und Doppeldecker, die unterschiedlich viel Platz bieten.

PA
Mit PA (= public address: deutsch = Beschallungsanlage) bezeichnet man eine professionelle Beschallungsanlage, die mindestens aus Lautsprechern, Verstärker und Mischpult besteht.

Präsentator
Ein Präsentator unterstützt wie ein Sponsor ein Event außerordentlich. Je nach Beschaffenheit des Unternehmens kann dies in Form von gesonderten Hinweisen auf den Termin, Vergünstigungen bei Anzeigenschaltungen bis hin zu finanzieller Unterstützung geschehen.

Produktionsleiter
Person, die für den reibungslosen Ablauf des Konzerts sorgt. Der Produktionsleiter hat bereits im Vorfeld den Anforderungen der Band nachzugehen, indem er sich um technische Details, Ladewege, Fluchtwege etc. kümmert. Am Konzerttag selber ist er als Erster vor Ort und geht als Letzter. Über ihn läuft die ganze Koordination.

Promotion
Promotion (deutsch = Werbung) ist der Teil, der Ihr Event im weitesten Sinne bewirbt.

Rider
Der Rider (deutsch = Zusatz, Anhang) befindet sich im Anhang an Verträge mit Künstlern und umfasst technische Daten (Technical Rider), Ablaufinformationen oder Anweisungen für das Catering (Catering Rider).

Rigging
Rigging (deutsch = Montage) bedeutet das Hängen und Aufstellen von z. B. Traversen unterhalb der Decke.

Roster
Der Roster (deutsch = Liste) einer Bookingagentur führt die vermittelbaren Bands und Künstler auf.

Runner
Der Runner (deutsch = Laufbursche) fungiert am Eventtag als Springer, der im Auftrag der Produktion Besorgungen erledigt. Ein Runner sollte immer gute Ortskenntnis haben.

Schedule
Der Schedule (deutsch = Ablaufplan) umfasst den Programmplan eines gesamten Produktionstages und sollte an sichtbaren Plätzen aufgehängt werden, damit jeder, der unmittelbar mit der Produktion zu tun hat, den Ablauf kennt.

Security
Securities (deutsch = Sicherheitskräfte) sind wichtig, um einen reibungslosen und sicheren Ablauf des Events zu garantieren.

Scanner
Der Begriff Scanner (deutsch = Abtaster) kommt aus der Lichttechnik und bezeichnet einen speziellen Scheinwerfer, der Licht in verschiedene Richtungen lenken kann.

Showtime
Das Wort Showtime ist auf Schedules zu lesen. Es kündigt die Auftrittszeiten an.

Soundcheck
Als Soundcheck (deutsch sound = Klang, check = Kontrolle) bezeichnet man die Kontrolle und Einstellung der Beschallungsanlage vor dem eigentlichen Einsatz. Vor dem Soundcheck kommt der Linecheck, bei dem lediglich kontrolliert wird, ob die Kanäle richtig angeschlossen und abgestimmt sind.

Stage
Stage ist die englische Bezeichnung für Bühne.

t. b. a.
To be announced (deutsch = wird noch angekündigt). Gängige Abkürzung bei noch offenen Punkten im Programmablauf.

t. b. c.
To be confirmed (deutsch = unbestätigt).

Ticketing
Mit Ticketing (deutsch = Kartenverkauf/-vertrieb) ist der gesamte Abwicklungs- und Verkaufsprozess von Eintrittskarten gemeint.

Traverse
Ein Trägergerüst aus Aluminium oder Stahl gefertigt, um zumeist Scheinwerfer über eine gewisse Breite zu verteilen.

Venue
Als Venue (deutsch = Veranstaltungsort) wird der Veranstaltungsort bzw. die -stätte bezeichnet. Ein weiteres geläufiges Wort ist Location.

Links

... zu kostenfreier Software:
- OpenOffice – entspricht in etwa dem Office-Paket von Microsoft.
  www.openoffice.org
- Mozilla Thunderbird – E-Mail Verwaltungsprogramm
  www.mozilla.com
- Mozilla Firefox – Webbrowser
  www.mozilla.com
- Project Open – Projektmanagement Software

www.project-open.com

... zum Thema Event:
- www.eventmanager.de
- www.eventpruefung.de
- www.interexpo.de
- www.veranstalterforum.de
- www.versammlungsstaettenverordnung.de
- www.worldofevents.de

... zum Thema Existenzgründung:
- www.existenzgruender.de
- www.gruenderlexikon.de
- www.gruenderstadt.de
- www.gruendungskatalog.de

... zum Thema Recht und Steuern:
- www.eventrecht-im-netz.de
- www.gema.de
- www.kuenstlersozialkasse.de
- www.kunstrecht.de

... zum Thema Technik:
- www.2sound.de
- www.dimmer.de
- www.konferenztechnik.de

Verbände

Ausstellungs- und Messe-Ausschuss der Deutschen Wirtschaft e. V. (AUMA)
Littenstr. 9
10179 Berlin
Telefon: 030 / 2 40 00-0
Telefax: 030 / 2 40 00-330
info@auma.de
www.auma.de

Deutsche Theatertechnische Gesellschaft (DTHG)
Fachverband der Profis für Theater – Film – Fernsehen – Show – Event
Kaiserstraße 22
53113 Bonn
Telefon: 0228 / 3 69 39-0
Telefax: 0228 / 3 69 39-79
centrale@dthg.de
www.dthg.de

Fachverband Messen und Ausstellungen e. V. (FAMA)
Geschäftsstelle Messe Erfurt
Gothaer Straße 34
99094 Erfurt
Telefon: 0361 / 40 08 000
Telefax: 0361 / 40 08 008
info@fama.de
www.fama.de

Forum Marketing-Eventagenturen (FME)
Berliner Str. 26
33378 Rheda-Wiedenbrück
Telefon: 05242 / 94 54 24
Telefax: 05242 / 94 54 10
fme@famab.de
www.fme-net.de

bdv – Bundesverband der Veranstaltungswirtschaft e. V.
Lenhartzstr. 15
20249 Hamburg
Telefon: 040 / 4 60 50 28
Telefax: 040 / 4 68 81417
info@bdv-online.com
www.bdv-online.com

MPI – Meeting Professionals International Germany e. V.
Crellestraße 21
10827 Berlin
Telefon: 030 / 76 76 84 11
Telefax: 030 / 76 76 84 29
info@mpi-germany.de
www.mpi-germany.de

Verband der Elektrotechnik Elektronik Informationstechnik e. V. (VDE)
Stresemannallee 15
60596 Frankfurt am Main
Telefon: 069 / 63 08-0
Telefax: 069 / 63 12-925
service@vde.com
www.vde.com

Der Verband für professionelle Licht- und Tontechnik e. V. (VPLT)
Walsroder Str. 159
30853 Langenhagen
Telefon: 0511 / 2 70 74-74
Telefax: 0511 / 2 70 74-777
info@vplt.org
www.vplt.org

Verband der Deutschen Konzertdirektionen e. V. (VDKD)
Brienner Str. 26
80333 München
Telefon: 089 / 2 86 28-379
Telefax: 089 / 2 86 28-210
info@vdkd.de
www.vdkd.de

Verband Direkte Wirtschaftskommunikation e. V. (FAMAB)
Berliner Straße 26
33378 Rheda-Wiedenbrück
Telefon: 05242 / 94 540
Telefax: 05242 / 94 54 10
info@famab.de
www.famab.de

Nachwort

Ich hoffe, dieser Ratgeber hat Sie sicher durch den Eventdschungel geführt. Genauso wünsche ich mir natürlich, dass Sie wichtige Informationen und nützliche Anregungen für Ideen herausgezogen haben, um Ihre eigenen Events erfolgreich planen und durchführen zu können. Wie Sie im Laufe des Buchs festgestellt haben, ist das Thema Event sehr weitläufig und umfangreich. Wenn Sie der Meinung sind, der ein oder andere Punkt sei zu kurz gekommen, so bin ich jederzeit für konstruktive Verbesserungsvorschläge offen.

Nun bleibt mir nur noch eines zu sagen: Viel Erfolg beim Planen und Umsetzen Ihrer Events!